高等学校计算机应用规划教材

计算方法及其应用

主　编　王　洋
副主编　程晓亮　滕　飞

清华大学出版社
北　京

内容简介

本书主要介绍了数值计算方法的基本理论，内容包括计算方法的基本概念、函数的插值与拟合、数值积分和数值微分、非线性方程的数值解法、解线性方程组的直接法和迭代法、常微分方程的数值解法、矩阵的特征值和特征向量的计算。书中含有丰富的例题、习题和上机实验题。

本书可作为数学与应用数学、信息与计算科学、计算机科学与技术专业等本科生“计算方法”课程的教材或参考书，也可作为理工科研究生“数值分析”课程的教材或参考书。

图书在版编目（CIP）数据

计算方法及其应用 / 王洋 主编. —北京 ：清华大学出版社，2019（2025.1重印）
（高等学校计算机应用规划教材）
ISBN 978-7-302-52919-4

Ⅰ. ①计… Ⅱ. ①王… Ⅲ. ①计算方法－高等学校－教材 Ⅳ. ①O241

中国版本图书馆 CIP 数据核字(2019)第 083544 号

责任编辑： 王 定
封面设计： 周晓亮
版式设计： 思创景点
责任校对： 牛艳敏
责任印制： 杨 艳

出版发行： 清华大学出版社
网 址： https://www.tup.com.cn，https://www.wqxuetang.com
地 址： 北京清华大学学研大厦 A 座 **邮 编：** 100084
社 总 机： 010-83470000 **邮 购：** 010-62786544
投稿与读者服务： 010-62776969，c-service@tup.tsinghua.edu.cn
质 量 反 馈： 010-62772015，zhiliang@tup.tsinghua.edu.cn
印 装 者： 三河市人民印务有限公司
经 销： 全国新华书店
开 本： 185mm×260mm **印 张：** 10.5 **字 数：** 228 千字
版 次： 2019 年 9 月第 1 版 **印 次：** 2025 年 1 月第 6 次印刷
定 价： 48.00 元

产品编号：077759－01

前　言

在现代科学和工程技术中，经常会遇到大量复杂的数学计算问题，这些问题的求解涉及庞大的计算量，简单的计算工具难以胜任。随着计算机的出现和迅速发展，使越来越多的复杂计算成为可能。利用计算机进行科学计算带来了巨大的经济效益，同时也使科学技术本身发生了根本变化。科学计算作为当今科学研究的三种基本手段之一，是数学将触角伸向其他学科的桥梁，目前科学计算已经广泛应用在物理、化学、生命科学、医学、航空航天、机械制造等重要领域之中。

数值计算方法，简称计算方法，是学习和了解科学计算的桥梁，是一门实用性很强、应用广泛的数学基础课。它主要研究适合于计算机使用的求解各种数学问题的数值计算方法，分析各种算法中的数学机理，设计和进行数值实验，分析数值实验中产生的误差，是一门内容丰富、研究方法深刻、有自身理论体系的数学课程。

本书主要内容包括函数的插值和拟合、数值积分和数值微分、非线性方程的数值解法、解线性方程组的直接法和迭代法、常微分方程的数值解法、矩阵的特征值和特征向量的计算。其案例丰富，且每章后面都配备了上机实验，实验内容与该章内容密切结合，有助于学生理解和运用所学的各种算法，提高了学生学习兴趣和应用计算机解决实际问题的能力。

本书共 8 章，编写分工如下：第 1～6 章由王洋编写，第 7 章由程晓亮编写，第 8 章由滕飞编写。本书在编写过程中广泛参阅了国内外相关教材和资料，在此谨向这些资料的作者表示诚挚的感谢。

限于编者的学识水平，书中不足之处在所难免，恳请读者、同行和专家批评指正。我们期待本书能够不断完善，也期待有更优秀的教材面世。

本书提供配套课件和习题参考答案，下载地址如下：

课件

习题参考答案

编　者

2019 年 5 月

目　　录

第 1 章　绪论 …… 1

§1.1　计算方法的对象、作用与特点 …… 1

§1.2　数值计算的误差 …… 2

1.2.1　误差的来源 …… 2

1.2.2　误差的基本概念 …… 3

§1.3　有效数字 …… 4

1.3.1　有效数字的定义 …… 4

1.3.2　有效数字与相对误差的关系 …… 5

§1.4　误差定性分析与避免误差伤害 …… 6

1.4.1　数值稳定算法 …… 7

1.4.2　病态问题与良态问题 …… 9

1.4.3　减少误差的若干原则 …… 10

§1.5　向量和矩阵的范数 …… 11

1.5.1　向量范数 …… 11

1.5.2　矩阵范数 …… 12

习题 …… 14

第 2 章　插值与拟合 …… 16

§2.1　拉格朗日插值 …… 17

2.1.1　插值多项式的存在唯一性 …… 17

2.1.2　拉格朗日插值方法的构造 …… 17

2.1.3　n 次拉格朗日插值多项式 …… 19

2.1.4　误差估计 …… 20

2.1.5　上机程序 …… 22

2.1.6　算法评价 …… 23

§2.2　牛顿插值 …… 23

2.2.1　多项式的逐次生成 …… 23

2.2.2　差商及其性质 …… 24

2.2.3　牛顿插值多项式 …… 25

2.2.4　上机程序 …… 27

2.2.5　算法评价 …… 28

§2.3　埃尔米特插值 …… 28

2.3.1　三次埃尔米特插值多项式 …… 29

2.3.2　$2n+1$ 次埃尔米特插值多项式 …… 29

2.3.3　误差估计 …… 31

2.3.4　上机程序 …… 32

2.3.5　算法评价 …… 33

§2.4　分段插值 …… 33

2.4.1　龙格现象 …… 33

2.4.2　分段线性插值及误差估计 …… 34

2.4.3　上机程序 …… 36

2.4.4　算法评价 …… 36

§2.5　样条插值 …… 36

2.5.1　三次样条插值的 M 关系式（三弯矩方程） …… 37

2.5.2　三次样条函数的 m 关系式（三转角方程） …… 39

2.5.3 样条插值函数误差估计式 …… 41
§2.6 曲线拟合的最小二乘法 …… 41
2.6.1 最小二乘法 …… 41
2.6.2 多项式拟合 …… 42
2.6.3 非线性拟合 …… 43
§2.7 数值实验 …… 45
2.7.1 实验目的 …… 45
2.7.2 实验内容与要求 …… 45
2.7.3 实验题目 …… 48
习题 …… 48
第 3 章 数值积分和数值微分 …… 50
§3.1 插值型求积公式 …… 51
3.1.1 插值型求积公式的构造 …… 51
3.1.2 求积余项和代数精度 …… 51
§3.2 牛顿-柯特斯积分 …… 53
3.2.1 梯形积分 …… 53
3.2.2 辛普森积分 …… 54
3.2.3 牛顿-柯特斯积分公式 …… 55
§3.3 复化求积公式 …… 58
3.3.1 复化梯形积分 …… 58
3.3.2 复化辛普森积分 …… 59
3.3.3 复合积分的自动控制误差方法 …… 61
3.3.4 上机程序 …… 62
§3.4 高斯求积公式 …… 62
3.4.1 一点高斯公式 …… 63
3.4.2 二点高斯公式 …… 63
3.4.3 n 点高斯公式 …… 64
§3.5 数值微分 …… 66
3.5.1 差商与数值微分 …… 66
3.5.2 插值型数值微分 …… 67
3.5.3 样条插值数值微分公式 …… 68
3.5.4 上机程序 …… 69
§3.6 上机实验 …… 69
3.6.1 实验目的 …… 69
3.6.2 实验内容与要求 …… 70
3.6.3 实验题目 …… 71
习题 …… 72
第 4 章 非线性方程的数值解法 …… 74
§4.1 引言 …… 74
§4.2 对分法 …… 74
4.2.1 对分法的数学依据和算法简述 …… 74
4.2.2 上机程序 …… 75
4.2.3 算法评价 …… 76
§4.3 迭代法及其收敛性 …… 76
4.3.1 不动点迭代格式 …… 76
4.3.2 不动点迭代格式的收敛性定理 …… 77
4.3.3 局部收敛性 …… 80
4.3.4 收敛阶 …… 80
§4.4 牛顿法 …… 81
4.4.1 牛顿迭代公式的构造 …… 81
4.4.2 牛顿法的几何意义 …… 82
4.4.3 牛顿法的收敛性 …… 82
4.4.4 上机程序 …… 83
4.4.5 算法评价 …… 84
§4.5 弦截法 …… 84
4.5.1 弦截法迭代格式 …… 84
4.5.2 弦截法的几何意义 …… 84
4.5.3 弦截法的收敛性 …… 85
4.5.4 上机程序 …… 86

4.5.5 算法评价 …… 86

§4.6 非线性方程组的牛顿法 …… 86

4.6.1 二阶非线性方程组的牛顿方法 …… 86

4.6.2 高阶非线性方程组的牛顿方法 …… 88

§4.7 上机实验 …… 90

4.7.1 实验目的 …… 90

4.7.2 实验内容与要求 …… 90

4.7.3 实验题目 …… 91

习题 …… 92

第5章 解线性方程组的直接法 …… 93

§5.1 引言 …… 93

§5.2 消元法 …… 94

5.2.1 三角形方程组的解 …… 94

5.2.2 高斯消去法 …… 94

§5.3 直接分解法 …… 100

5.3.1 杜利特尔分解 …… 100

5.3.2 追赶法 …… 102

5.3.3 平方根法 …… 103

§5.4 直接法的舍入误差分析 …… 106

§5.5 上机实验 …… 109

5.5.1 实验目的 …… 109

5.5.2 实验内容与要求 …… 109

5.5.3 实验题目 …… 109

习题 …… 110

第6章 解线性方程组的迭代法 …… 111

§6.1 引言 …… 111

§6.2 迭代法的一般理论 …… 111

6.2.1 迭代格式的构造 …… 111

6.2.2 迭代法的收敛性和误差估计 …… 112

§6.3 雅可比迭代法 …… 114

6.3.1 雅可比迭代法的构造 …… 114

6.3.2 雅可比迭代法的收敛条件 …… 114

6.3.3 雅可比迭代法的误差估计 …… 116

6.3.4 上机程序 …… 117

§6.4 高斯-塞德尔迭代法 …… 118

6.4.1 高斯-塞德尔迭代法的构造 …… 118

6.4.2 高斯-塞德尔迭代法的收敛条件 …… 119

6.4.3 上机程序 …… 120

§6.5 超松弛迭代法 …… 121

6.5.1 超松弛迭代法迭代格式的构造 …… 121

6.5.2 超松弛迭代法的收敛条件 …… 121

6.5.3 上机程序 …… 123

习题 …… 124

第7章 常微分方程的数值解法 …… 126

§7.1 引言 …… 126

§7.2 欧拉方法 …… 127

7.2.1 显式欧拉公式 …… 127

7.2.2 隐式欧拉公式 …… 127

7.2.3 改进的欧拉公式 …… 128

7.2.4 欧拉方法的误差估计 …… 130

7.2.5 上机程序 …… 132

§7.3 龙格-库塔方法 …… 132

7.3.1 龙格-库塔方法的基本思想 …… 132

7.3.2 二阶龙格-库塔公式 …… 133

7.3.3 高阶龙格-库塔公式 …… 134
§7.4 单步法的收敛性与稳定性 …… 134
7.4.1 收敛性与相容性 …… 134
7.4.2 稳定性 …… 135
§7.5 线性多步方法 …… 138
7.5.1 线性多步方法的基本思想 …… 138
7.5.2 阿当姆斯外插公式及其误差 …… 139
7.5.3 阿当姆斯内插公式 …… 140
§7.6 一阶微分方程组和高阶微分方程的数值解法 …… 141
7.6.1 一阶微分方程组的数值解法 …… 141
7.6.2 高阶常微分方程 …… 142
7.6.3 算法评价 …… 142
§7.7 上机实验 …… 143
7.7.1 实验目的 …… 143
7.7.2 实验内容与要求 …… 143
7.7.3 实验题目 …… 145
习题 …… 145
第 8 章 矩阵的特征值和特征向量的计算 …… 147
§8.1 引言 …… 147
§8.2 幂法与反幂法 …… 147
8.2.1 幂法 …… 147
8.2.2 反幂法 …… 151
§8.3 雅可比方法 …… 152
8.3.1 实对称矩阵的旋转正交相似变换 …… 152
8.3.2 雅可比方法及其收敛性 …… 154
习题 …… 157
参考文献 …… 158

第1章　绪　论

§1.1　计算方法的对象、作用与特点

计算方法是研究用计算机求解各种数学问题的数值解法及其理论的一门学科.

在科学计算的很多问题中都会遇到这样的数学问题，在理论上该问题有解，但是又无法用手工计算，还有一些问题根本没有解析解，而只能求近似解. 例如在实际问题中，常常要计算函数的积分，依照人们所熟悉的微积分基本定理，对于积分 $I=\int_a^b f(x)\mathrm{d}x$，只要找到被积函数 $f(x)$ 的原函数 $F(x)$，便能按照牛顿-莱布尼兹公式算出积分的值，但是实际使用这种求积分的方法往往有困难，因为有大量的被积函数，如 $\frac{\sin x}{x}(x\neq 0)$，$\mathrm{e}^{-x^2}$ 等，其原函数不能用初等函数表达，故不能用上述公式计算. 还有的时候，当 $f(x)$ 是由测量或数值计算给出的一张数据表时，牛顿-莱布尼兹公式也不能直接运用. 再比如，在线性代数中，克莱姆法则原则上可以用来解线性方程组. 用这种方法求解一个 n 阶方程组，要计算 $n+1$ 个 n 阶行列式的值，这意味着要做 $n!\,(n-1)(n+1)$ 次乘法. 当 n 充分大时，这个计算量是相当惊人的. 例如，对于一个 20 阶的方程组，大约需要做 $A_{20}\approx 10^{21}$ 次乘法，现在计算机的运算速度是每秒 10 亿次(10^9)，每年大约只能完成 $3.15\times 10^{16}(365\times 24\times 3\,600\times 10^9)$，故所需时间约为$10^{21}\div(3.15\times 10^{16})\approx 3.2\times 10^4$(年)，即大约需要 32 000 年才能完成. 由此可见，我们有必要利用计算机对这些问题设计出行之有效的数值解法.

一般来说，利用计算机求解科学技术问题通常经历以下步骤：

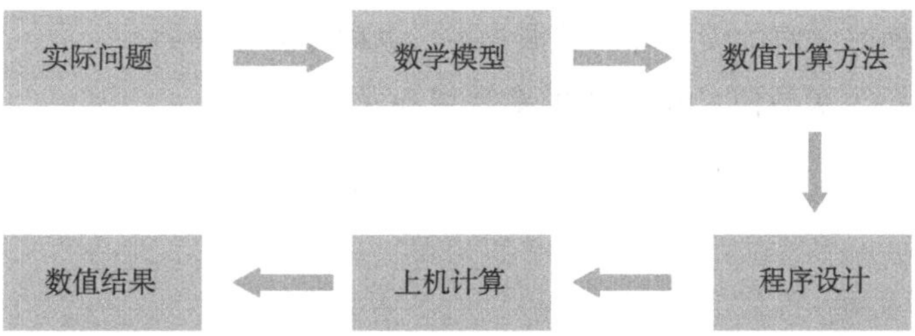

计算数学的任务是根据已经建立的数学模型，设计出求解模型的数值计算方法，然后进行

程序设计，上机运行出数值结果. 计算方法课程不是各种数值算法的简单罗列和堆积，同高等代数、数学分析课程一样，计算方法课程也是一门内容丰富、研究方法深刻、有自身理论体系的课程. 当然，计算方法课程有它的独特之处，那就是该课程与计算机使用密切结合，根据计算机的特点提供可行的有效算法，它的算法只能包括加、减、乘、除运算和逻辑运算，是计算机能直接处理的. 除此之外，本课程对每种算法都有可靠的理论分析，能任意逼近并达到精度要求，对近似算法要保证收敛性和稳定性，还要对误差进行分析，这些都建立在相应的数学理论的基础之上. 最后，我们需要强调的是，在该课程的学习中，上机计算是必需的. 任何一个算法除了在理论上可行，还要通过上机实验证明该算法确实是行之有效的.

§1.2　数值计算的误差

1.2.1　误差的来源

近似计算必然产生误差. 早在中学我们就接触过误差的概念，如在做热力学实验中，从温度计上读出的温度是 23.4 度，这不是一个精确的值，而是含有误差的近似值. 事实上，误差在我们的日常生活中无处不在，无处不有. 如量体裁衣，量与裁的结果都不是精确无误的，都含有误差. 在用数值方法解题过程中可能产生的误差归纳起来有如下几类.

1. 模型误差

用数学模型来描述具体的物理现象时，往往要忽略许多次要因素，把模型“简单化”“理想化”，因此模型本身就包含有误差，这种误差称为模型误差.

2. 观测误差

在数学模型和具体运算过程中所用的一些初始数据往往都是经过人为测量得到的，由于受到观测仪器和设备精度的限制，这些数据只能是近似的，即存在着误差，这种误差称为观测误差.

3. 截断误差

在解决实际问题时，有很多情况要得到准确解是很困难的，往往要用数值方法求其近似解，其近似解与精确解之间的误差称为截断误差，也称为方法误差.

例如，要计算 $e^{0.32}$ 函数值，由于 e^x 的泰勒展开式

$$e^x = 1 + x + \frac{x^2}{2!} + \cdots + \frac{x^n}{n!} + \cdots$$

用近似公式

$$e^x \approx 1 + x + \frac{x^2}{2!} + \cdots + \frac{x^n}{n!}$$

去计算 $e^{0.32}$，这样产生的误差就是截断误差.

4. 舍入误差

在计算时可能会用到一些无穷小数，例如，无理数和有理数中某些分数画出的无限循环小数，而计算机总是受到有限字长的限制，只能取有限位有效数字进行计算，初始参数与中间结果都必须进行四舍五入，这个误差称为舍入误差.

例如，用 3.141 59 近似代替 π，产生的误差

$$R=\pi-3.14159=0.0000026\cdots$$

就是舍入误差.

上述种种误差都会影响计算结果的准确性，因此需要了解与研究误差. 在数值计算中将着重研究截断误差和舍入误差，并对它们的传播与积累作出分析.

1.2.2 误差的基本概念

定义 1.1 设 x 是准确值，x^* 是 x 的一个近似值，称差 x^*-x 为近似值 x^* 的**绝对误差**，简称**误差**，记为 e^* 或 $e(x^*)$，即

$$e^*=x^*-x$$

误差可正可负，由误差定义可知，因为我们不知道准确值 x，通常算不出误差 e^* 的准确值，我们可以根据测量工具和计算情况估计出误差的范围，叫作**绝对误差限**.

定义 1.2 称满足

$$|e^*|=|x^*-x|\leqslant\varepsilon^*$$

的正数 ε^* 为近似值 x^* 的**误差限**.

知道了误差限，就可以估计出准确值 x 的范围 $x^*-\varepsilon^*\leqslant x\leqslant x^*+\varepsilon^*$.

例如，我们用一把毫米刻度的米尺来测量桌子的长度，读出长度为 $x^*=1\,235$mm.

x^* 为 x 的近似值，由米尺的精度知道，它的误差限为 0.5mm，则有

$$|x^*-x|=|1\,235-x|\leqslant 0.5\text{ mm}$$

即

$$1\,234.5\leqslant x\leqslant 1\,235.5$$

这表明 x 在区间[1 234.5，1 235.5] 内.

绝对误差还不能说明数的近似程度的好坏. 例如，甲打字员每打 100 个字错 1 个，乙打字员每打 1 000 个字错 1 个，他们的绝对误差都是错 1 个，但显然乙要准确些，这就启发我们除了要看绝对误差外，还必须顾及量的本身大小.

定义 1.3 设 x 是准确值，x^* 是 x 的一个近似值，称

$$\frac{e^*}{x}=\frac{x^*-x}{x}$$

为近似值 x^* 的**相对误差**，记为 e_r^* 或 $e_r(x^*)$，即

$$e_r^* = \frac{e^*}{x} = \frac{x^* - x}{x}$$

在实际计算中，由于真值 x 一般是不知道的，通常取

$$e_r^* = \frac{e^*}{x^*} = \frac{x^* - x}{x^*}$$

作为 x^* 的**相对误差**.

相对误差 e_r^* 的值也可正可负，与绝对误差一样不易计算，常用相对误差限控制相对误差的范围. 我们把相对误差的绝对值的上界叫作相对误差限，记作 ε_r^*.

定义 1.4 称满足

$$|e_r^*| = \left|\frac{x^* - x}{x^*}\right| \leqslant \varepsilon_r^*$$

的正数 ε_r^* 为近似值 x^* 的**相对误差限**.

根据定义，甲打字员的相对误差限为 1%，乙打字员的相对误差限为 1‰，可见乙打字员准确度较高.

【例 1-1】 设 $x^* = 5.230$ 是由精确值 x 经过四舍五入得到的近似值，求 x^* 的绝对误差限和相对误差限.

解 由题设可知：$5.229\,5 \leqslant x < 5.230\,5$，所以

$$-0.000\,5 \leqslant x - x^* < 0.000\,5$$

因此，绝对误差限为 $\varepsilon^* = 0.5 \times 10^{-3}$，相对误差限为 $\varepsilon_r^* = \varepsilon \div 5.230 \approx 0.96 \times 10^{-4}$.

§1.3 有效数字

科学计算中常用有效数字来估计和处理误差，有效数字易计算且与误差有着密切关系.

1.3.1 有效数字的定义

定义 1.5 若近似数 x^* 的误差限是其某一位上数字的半个单位，就说近似数 x^* 准确到该位，由该位自右向左数到 x^* 的第一个非零数字若有 n 位，就称近似数 x^* 有 n 位**有效数字**.

例如，当准确值 x 有多位时，常常按四舍五入的原则得到 x 的前几位近似值 x^*，例如 $x = \pi = 3.141\,592\,65\cdots$.

取 3 位 $x_3^* = 3.14$，$\varepsilon_3^* \leqslant 0.002$；

取 5 位 $x_5^* = 3.141\,6$，$\varepsilon_5^* \leqslant 0.000\,008$.

它们的误差都不超过末位数字的半个单位，即

$$|\pi - 3.14| \leqslant \frac{1}{2} \times 10^{-2}，|\pi - 3.141\,6| \leqslant \frac{1}{2} \times 10^{-4}$$

可知，当取 3 位时有效数字为 3，取 5 位时有效数字为 5.

可以证明：若一个十进制准确数 x 经过四舍五入得到近似数 x^*，则 x^* 的有效数字位为将 x^* 写为规格化浮点数后的尾数的位数.

例如 $x=0.003\,45$，四舍五入得 $x^*=0.003\,5$，则

$$|x-x^*|\leqslant 0.000\,05=\frac{1}{2}\times 10^{-4},$$

可知 x^* 有两位有效数字.

有效数字与误差有着密切的关系. 有效数字越多，绝对误差和相对误差就越小，因此近似数就越准确！这是科学计算中要尽可能多保留有效数字的原因.

我们也可以用数学语言来描述有效数字.

定义 1.6 记 $x^*=\pm 0.a_1a_2\cdots a_k\times 10^m$，$a_1\neq 0$，$a_l\in\{0,1,2,\cdots,9\}$，$m$ 为整数，k 为不小于正整数 n 的整数. 若有关系式

$$|e^*|=|x^*-x|\leqslant 0.5\times 10^{m-n}$$

则称近似数 x^* 有 n 位**有效数字**，此时 x^* 有 n 位有效数字的值可取为 $\pm 0.a_1a_2\cdots a_n\times 10^m$.

【例 1-2】 求圆周率 $\pi=3.1415926\cdots$ 的近似值 $x_1=3.14$ 和 $x_2=3.141$ 的有效数字.

解 $x_1=0.314\times 10^1$，$x_2=0.3141\times 10^1$，$m=1$，

由 $|\pi-x_1|=0.0015926\cdots=10^{-2}\times 0.15926\cdots<0.5\times 10^{-2}$

有 $m-n=-2$，得 $n=3$，所以 x_1 有 3 位有效数字；

由 $|\pi-x_2|=0.0005926\cdots=10^{-3}\times 0.5926\cdots<0.5\times 10^{-2}$，

有 $m-n=-2$，得 $n=3$，所以 x_2 有 3 位有效数字.

1.3.2 有效数字与相对误差的关系

定理 1.1 设近似数 $x^*=\pm 0.a_1a_2\cdots a_k\times 10^m$，$a_1\neq 0$，$a_l\in\{0,1,2,\cdots,9\}$，$m$ 为整数，$n\leqslant k$，则有：

(1) 若 x^* 有 n 位有效数字，则

$$|e_r^*|=\frac{|x^*-x|}{|x^*|}\leqslant\frac{1}{2a_1}\times 10^{1-n}$$

(2) 若 x^* 的相对误差

$$|e_r^*|=\frac{|x^*-x|}{|x^*|}\leqslant\frac{1}{2(a_1+1)}\times 10^{1-n}$$

则 x^* 有 n 位有效数字.

证明 (1) 因为 x^* 有 n 位有效数字，则

$$|x^*-x|\leqslant 0.5\times 10^{m-n}$$

于是

$$|e_r^*| = \frac{|x^* - x|}{|x^*|} \leqslant \frac{0.5 \times 10^{m-n}}{0.a_1 a_2 \cdots a_k \times 10^m}$$

$$\leqslant \frac{0.5}{0.a_1} \times 10^{-n} = \frac{1}{2a_1} \times 10^{1-n}$$

（2）由

$$\frac{|x^* - x|}{|x^*|} \leqslant \frac{1}{2(a_1 + 1)} \times 10^{1-n}$$

有

$$|x^* - x| \leqslant |x^*| \times \frac{1}{2(a_1+1)} \times 10^{1-n} = \frac{0.a_1 a_2 \cdots a_k \times 10^m}{2(a_1+1)} \times 10^{1-n}$$

$$= \frac{a_1.a_2 \cdots a_k}{2(a_1+1)} \times 10^{m-n} \overset{a_1.a_2\cdots a_k < a_1+1}{<} \frac{1}{2} \times 10^{m-n}$$

定理1.1说明，有效位数越多，相对误差限越小，利用定理1.1可以解决一些涉及有效数字和误差关系的问题.

【例1-3】 要使$\sqrt{20}$的近似值的相对误差小于0.1%，请确定x^*至少要取几位有效数字？

解： 先将$\sqrt{20}$写成浮点数.

因为$4 < \sqrt{20} < 5$，所以

$$\sqrt{20} = 4.a_2 a_3 \cdots = 0.4 a_2 a_3 \cdots \times 10^1$$

得到$a_1 = 4$.

假设x^*至少要取n位有效数字才能保证相对误差小于0.1%，由定理1.1中的(1)，选择满足

$$\frac{1}{2a_1} \times 10^{1-n} = \frac{1}{2 \times 4} \times 10^{1-n} < 0.1\%$$

的最小整数n即可. 由

$$\frac{1}{2 \times 4} \times 10^{1-n} < 0.1\%$$

得$10^{4-n} < 8$，有$n \geqslant 4$，故x^*至少要取4位有效数字才能达到相对误差小于0.1%的要求. 此时由开方表得$\sqrt{20} \approx 4.472$.

§1.4　误差定性分析与避免误差伤害

对同一问题选择不同的数值计算方法，可能得到不同的计算结果. 在计算方法中，除了给出方法的数值计算公式，还要讨论计算公式的收敛性、稳定性和截断误差的特性. 选择收敛性要求低、稳定性好的方法是控制误差扩张的最重要的措施.

1.4.1 数值稳定算法

定义 1.7 若一个算法进行计算的初始数据有误差，而在计算过程中产生的误差不增长，则称该算法为**数值稳定算法**，否则称为**数值不稳定算法**.

【例 1-4】 计算数列

$$I_n=\int_0^1 \frac{x^n}{x+5}\mathrm{d}x,\ n=1,\ 2,\ \cdots,\ 9$$

的值.

解 直接推导有递推公式

$$\begin{cases} I_n=\dfrac{1}{n}-5I_{n-1} \\ I_0=\ln 1.2 \end{cases}$$

若计算出 I_0，代入上式，可逐次求出 I_1，I_2，… 的值. 要算出 I_0，就要先计算 ln 1.2 的值，若用泰勒多项式展开部分和

$$\ln(1+x)=x-\frac{1}{2}x^2+\frac{1}{3}x^3-\frac{1}{4}x^4+\cdots+(-1)^{k-1}\cdot\frac{1}{k}x^k$$

取 $k=4$，用 4 位小数计算得 $\ln 1.2=0.182\,3$，截断误差

$$R_4=|\ln 1.2-0.182\,3|\leqslant\frac{1}{5}\times(0.2)^5=6.4\mathrm{e}-5$$

当初值取 $I_0\approx 0.182\,3=\bar{I}_0$ 时，递推的近似计算公式为

$$\begin{cases} \bar{I}_0=0.182\,3 \\ \bar{I}_n=\dfrac{1}{n}-5\bar{I}_{n-1},\ n=1,\ 2,\ \cdots \end{cases} \tag{A}$$

计算结果见表 1.1.

从表 1.1 中可以看到 $\bar{I}_6$ 出现负值，这与一切 $I_n>0$ 相矛盾. 实际上，由积分中值定理可以得到下列估计式

$$\frac{1}{6\times(n+1)}\leqslant\int_0^1\frac{x^n}{x+5}\mathrm{d}x=\frac{1}{\xi+5}\int_0^1 x^n\,\mathrm{d}x\leqslant\frac{1}{5\times(n+1)}$$

因此，当 n 较大时，用公式 A 计算 $\bar{I}_n$ 是不正确的. 那么，这里，计算公式与每步计算都是正确的，到底是什么原因使计算结果出现错误呢？我们对公式 A 进行误差分析，带有误差的对应计算公式为

$$\bar{I}_n=\frac{1}{n}-5\bar{I}_{n-1}$$

为考察其数值稳定性，计算

$$|\bar{I}_n-I_n|=5|\bar{I}_{n-1}-I_{n-1}|=5^n|\bar{I}_0-I_0|,\ n=1,\ 2,\ \cdots$$

该公式由 $\bar{I}_0$ 开始，依次可计算出

$$\bar{I}_1, \bar{I}_2, \cdots, \bar{I}_8$$

其在每次计算过程中，都将上次计算的误差放大 5 倍.

$$\bar{I}_n - I_n = e_n, \ n = 0, 1, 2, \cdots$$

则有

$$|e_n| = |\bar{I}_n - I_n| = 5^n |e_0|, \ n = 1, 2, \cdots$$

由此可知，计算 I_n 时的误差为初始误差的 5^n 倍，因此该算法不是数值稳定算法.

下面采用逆序计算方式给出一个数值稳定的计算公式.

将 $I_n = \frac{1}{n} - 5I_{n-1}, \ n = 1, 2, \cdots, 9$ 转换为

$$I_{n-1} = \frac{1}{5n} - \frac{I_n}{5}, \ n = 9, 8, \cdots, 1$$

该式由 I_9^* 开始，依次计算出 $I_8^*, I_7^*, \cdots, I_1^*$，其舍入误差关系为

$$|I_{n-1} - I_{n-1}^*| = \frac{1}{5}|I_n - I_n^*|$$

这说明，在每次计算过程中，都将上次计算的舍入误差缩小 5 倍，因此该算法是数值稳定算法. 该算法的关键是取计算的初值 I_9^*，这里采用如下定积分估计的方法选取：

因为

$$\frac{1}{10 \times 6} \leqslant I_9 = \int_0^1 \frac{x^9}{x+5} dx = \frac{1}{\xi + 5}\int_0^1 x^9 dx = \frac{1}{10(\xi + 5)} \leqslant \frac{1}{10 \times 5}$$

取均值

$$I_9^* = \frac{1}{2} \times \frac{1}{10} \times \left(\frac{1}{5} + \frac{1}{6}\right) = \frac{11}{600} \approx 0.018\,33$$

其初始误差为

$$e_9 = |I_9^* - I_9| \leqslant \frac{1}{10} \times \left(\frac{1}{5} - \frac{1}{6}\right) = 0.003\,3\cdots < 0.33 \times 10^{-2}$$

用此 I_9^* 作递推计算，依次算出 $I_8^*, I_7^*, \cdots, I_1^*$，它们值所有误差不会超过 0.33×10^{-2}.

利用递推计算公式

$$\begin{cases} I_9^* = 0.018\,3 \\ I_n^* = \dfrac{1}{5n} - \dfrac{I_{n-1}^*}{5}, \ n = 1, 2, \cdots \end{cases} \tag{B}$$

计算结果见表 1.1. 此例说明：在公式 A 中，虽然初始误差很小，但是在计算过程中舍入误差急剧增大，结果真实的数据很快被淹没了，而在公式 B 中，尽管 e_9 可能相对较大，但在计算中误差影响不扩散，当某一步产生误差后，该误差对后面的影响不断衰减. 误差扩散的算法是不稳定的，误差衰减(至少是不扩散的) 算法是稳定的算法.

表 1.1 近似计算公式的计算结果

n	$\bar{I}_n$（用公式 A 计算）	I_n^*（用公式 B 计算）
0	0.182 3	0.182 3
1	0.088 5	0.088 4
2	0.057 5	0.058 0
3	0.045 8	0.043 1
4	0.020 8	0.034 3
5	0.095 8	0.028 5
6	−0.312 5	0.024 3
7	1.705 4	0.021 3
8	−8.401 8	0.018 6
9	42.120	0.018 3

1.4.2 病态问题与良态问题

1. 病态问题

一个数值问题本身如果输入数据有微小扰动（即误差），引起输出数据（即问题解）相对误差很大，这就是**病态问题**，例如，线性方程组

$$\begin{cases} x_1+\dfrac{1}{2}x_2+\dfrac{1}{3}x_3=\dfrac{11}{6} \\ \dfrac{1}{2}x_1+\dfrac{1}{3}x_2+\dfrac{1}{4}x_3=\dfrac{13}{12} \\ \dfrac{1}{3}x_1+\dfrac{1}{4}x_2+\dfrac{1}{5}x_3=\dfrac{47}{60} \end{cases} \tag{1.1}$$

的准确解为 $x_1=x_2=x_3=1$.

把它的系数都舍入成两位有效数字做小的扰动后，方程组(1.1) 变为

$$\begin{cases} x_1+0.50x_2+0.33x_3=1.8 \\ 0.50x_1+0.33x_2+0.25x_3=1.1 \\ 0.33x_1+0.25x_2+0.20x_3=0.78 \end{cases} \tag{1.2}$$

方程组(1.2) 的准确解为

$$x_1=-6.222，x_2=38.25，x_3=-33.65$$

此解与扰动前的解完全不同了.

方程组(1.1) 的求解就是病态问题.

注意病态问题不是计算方法引起的，是数值问题自身固有的. 因此，对于数值问题，首先要分清楚问题是否病态，对病态问题必须采取相应的特殊方法以减少误差伤害.

2. 良态问题

初始数据的微小变化只引起计算结果的微小变化的计算问题称为**良态问题**.

例如，对方程组

$$\begin{cases}2x_1-x_2=6\\x_1+2x_2=-2\end{cases}\tag{1.3}$$

的常数项作微小扰动后变为

$$\begin{cases}2x_1-x_2=6\\x_1+2x_2=-2.005\end{cases}\tag{1.4}$$

扰动前方程组(1.3) 的准确解为 $x_1=2$，$x_2=-2$，而扰动后方程组(1.4) 的准确解为

$$x_1=1.999,\ x_2=-2.002,$$

这两组解之间的差别是不大的. 计算方法主要研究良态问题数值解法.

1.4.3 减少误差的若干原则

由上面的例子可以看出，在数值计算中误差是不可避免的，但是我们可以尽量减少误差. 在设计算法的时候要注意以下几点.

1. 避免两个相近的数相减

因为两个相近的数相减，会减少有效数字的位数，从而使绝对误差和相对误差增大.

【例 1-5】 计算 $A=10^7\times(1-\cos 2°)$(用 4 位数学用表).

解 由于 $\cos 2°=0.999\ 4$，直接计算

$$A=10^7\times(1-\cos 2°)=10^7\times(1-0.999\ 4)=6\times10^3$$

只有一位有效数字. 若利用 $1-\cos x=2\sin^2\dfrac{x}{2}$，则

$$A=10^7\times(1-\cos 2°)=2\times(\sin 1°)^2\times10^7=6.13\times10^3$$

具有三位有效数字(这里 $\sin 1°=0.0175$)，此例说明，可通过改变计算公式避免或减少有效数字的损失.

类似地，若 x_1 和 x_2 很接近时，则

$$\lg x_1-\lg x_2=\lg\frac{x_1}{x_2}$$

用右边算式计算有效数字就不损失. 当 x 很大时，有

$$\sqrt{x+1}-\sqrt{x}=\frac{1}{\sqrt{x+1}+\sqrt{x}}$$

用右端算式代替左端.

2.两个相差悬殊的数相加，会出现"大吃小"

例如，在五位十进制计算机上，计算

$$A=52\ 492+\sum_{i=1}^{1\ 000}\alpha_i$$

其中，$0.1 \leqslant \alpha_i \leqslant 0.9$.

把运算的数写成规格化形式

$$A = 0.524\,92 \times 10^5 + \sum_{i=1}^{1\,000} \alpha_i$$

由于在计算机内作加法运算先要对阶，若取 $\alpha_i = 0.9$，对阶时 $\alpha_i = 0.000\,009 \times 10^5$，在五位计算机中表示为机器 0，因此

$$A = 0.524\,92 \times 10^5 + 0.000\,009 \times 10^5 + \cdots + 0.000\,009 \times 10^5$$

$$\triangleq 0.524\,92 \times 10^5 \text{（符号“}\triangleq\text{”表示机器中相等）}$$

结果显然不可靠，这是由于运算中出现了大数 52 492 “吃掉” 小数 α_i 造成的. 如果计算时先把数量级相同的一千个 α_i 相加，最后再加 52 492，就不会出现大数“吃” 小数现象，这时

$$0.1 \times 10^3 \leqslant \sum_{i=1}^{1\,000} \alpha_i \leqslant 0.9 \times 10^3$$

于是 $0.001 \times 10^5 + 0.524\,92 \times 10^5 \leqslant A \leqslant 0.009 \times 10^5 + 0.524\,92 \times 10^5$，即

$$52\,592 \leqslant A \leqslant 53\,392$$

3.避免绝对值很小的数作除数，会产生很大的误差

例如，要计算 $y = \dfrac{1 + x - e^x}{x^2}$（$x \ll 1$）的值，$x \ll 1$ 表示 x 接近于零，不能直接计算，我们可以采用泰勒公式取前三项，得

$$y = \frac{1 + x - e^x}{x^2} \approx -\frac{1}{2} - \frac{x}{3!} - \frac{x^2}{4!}$$

这个公式就避免了绝对值很小的数作除数.

§1.5 向量和矩阵的范数

1.5.1 向量范数

为了研究线性方程组近似解的误差估计和迭代法的收敛性，我们需要对向量 $\boldsymbol{x}$ 的“大小”及矩阵 $\boldsymbol{A}$ 的“大小”引进某种度量 —— 范数. 本节介绍 n 维向量范数和 $n \times n$ 矩阵的范数. 向量范数是三维欧氏空间中向量长度概念的推广，在数值分析中起着重要作用.

首先将向量长度概念推广到 $\mathbf{R}^n$（或 $\mathbf{C}^n$）中.

定义 1.8 设 $\boldsymbol{x} = (x_1, x_2, \cdots, x_n)^{\mathrm{T}}$，$\boldsymbol{y} = (y_1, y_2, \cdots, y_n)^{\mathrm{T}}$，将实数

$$(\boldsymbol{x}, \boldsymbol{y}) = \boldsymbol{y}^{\mathrm{T}} \boldsymbol{x} = \sum_{i=1}^{n} x_i y_i \text{（或复数}(\boldsymbol{x}, \boldsymbol{y}) = \boldsymbol{y}^{\mathrm{H}} \boldsymbol{x} = \sum_{i=1}^{n} x_i \bar{y}_i\text{）}$$

称为**向量 $\boldsymbol{x}$，$\boldsymbol{y}$ 的数量积（内积）**. 将非负实数

$$\| \boldsymbol{x} \|_2 = \sqrt{(\boldsymbol{x}, \boldsymbol{x})} = \sqrt{\sum_{i=1}^{n} x_i^2}$$

或

$$\| \boldsymbol{x} \|_2 = \sqrt{(\boldsymbol{x}, \boldsymbol{x})} = \sqrt{\sum_{i=1}^{n} |x_i|^2} \text{（复向量）}$$

称为**向量 $\boldsymbol{x}$ 的欧氏范数**.

我们还可以用其他办法来度量 $\mathbf{R}^n$ 中向量的“大小”. 例如，对于 $\boldsymbol{x}=(x_1, x_2, \cdots, x_n)^{\mathrm{T}}$ 可以用一个 $\boldsymbol{x}$ 的函数 $N(\boldsymbol{x})=\max|x_i|$ 来度量 $\boldsymbol{x}$ 的“大小”，而且这种度量 $\boldsymbol{x}$ 的“大小”的方法计算起来比欧氏范数方便. 在许多应用中，对度量 $\boldsymbol{x}$ 的“大小”的函数 $N(\boldsymbol{x})$ 都要求是正定的、齐次的且满足三角不等式.

下面我们给出向量范数的一般定义.

定义 1.9(向量的范数)　若向量 $\boldsymbol{x} \in \mathbf{R}^n$（或 $\mathbf{C}^n$）的某个实值函数 $N(\boldsymbol{x}) = \|\boldsymbol{x}\|$，满足条件：

(1) $\|\boldsymbol{x}\| \geqslant 0$（$\|\boldsymbol{x}\|=0$ 当且仅当 $\boldsymbol{x}=\boldsymbol{O}$）（正定性）；

(2) $\|\alpha\boldsymbol{x}\| = |\alpha| \, \|\boldsymbol{x}\|$，$\forall \alpha \in \mathbf{R}$（或 $\alpha \in \mathbf{C}$）（齐次性）；

(3) $\|\boldsymbol{x}+\boldsymbol{y}\| \leqslant \|\boldsymbol{x}\| + \|\boldsymbol{y}\|$（三角不等式）.

则称 $N(x) = \|\boldsymbol{x}\|$ 是 $\mathbf{R}^n$（或 $\mathbf{C}^n$）上的**一个向量范数(或模)**.

下面给出几种常用的向量范数，设 $\boldsymbol{x}=(x_1, x_2, \cdots, x_n)^{\mathrm{T}}$

① $\|\boldsymbol{x}\|_\infty = \max\limits_{1 \leqslant i \leqslant n} |x_i|$；

② $\|\boldsymbol{x}\|_1 = \sum\limits_{i=1}^{n} |x_i|$；

③ $\|\boldsymbol{x}\|_2 = (\boldsymbol{x}, \boldsymbol{x})^{\frac{1}{2}} = \left(\sum\limits_{i=1}^{n} |x_i|^2\right)^{\frac{1}{2}}$；

④ $\|\boldsymbol{x}\|_p = \left(\sum\limits_{i=1}^{n} |x_i|^p\right)^{\frac{1}{p}}$.

1.5.2　矩阵范数

下面我们将向量范数概念推广到矩阵上去. 可以将 $\mathbf{R}^{n\times n}$ 中的矩阵 $\boldsymbol{A}=(a_{ij})_{nn}$ 当作 n^2 维向量，则由向量的 2- 范数可以得到 $\mathbf{R}^{n\times n}$ 中矩阵的一种范数

$$F(\boldsymbol{A}) = \|\boldsymbol{A}\|_F = \left(\sum_{i=1}^{n}\sum_{j=1}^{n} \boldsymbol{a}_{ij}^2\right)^{\frac{1}{2}}$$

称为 **$\boldsymbol{A}$ 的 Frobenius 范数**.

下面我们给出矩阵范数的一般定义.

定义 1.10(矩阵的范数)　若矩阵 $\boldsymbol{A} \in \mathbf{R}^{n\times n}$ 的某个实值函数 $N(\boldsymbol{A}) = \|\boldsymbol{A}\|$ 满足条件：

① $\|\boldsymbol{A}\| \geqslant 0$（$\|\boldsymbol{A}\|=0$ 当且仅当 $\boldsymbol{A}=\boldsymbol{O}$）（正定性）；

② $\|c\boldsymbol{A}\| = |c| \, \|\boldsymbol{A}\|$，$c$ 为实数（齐次性）；

③ 对任意 $\boldsymbol{A},\boldsymbol{B}$ 有 $\|\boldsymbol{A}+\boldsymbol{B}\| \leqslant \|\boldsymbol{A}\|+\|\boldsymbol{B}\|$（三角不等式）；

④ 对任意 $\boldsymbol{A},\boldsymbol{B}$ 有 $\|\boldsymbol{AB}\| \leqslant \|\boldsymbol{A}\|\,\|\boldsymbol{B}\|$（相容性）.

则称 $N(\boldsymbol{A})$ 是 $\mathbf{R}^{n\times n}$ 上的一个矩阵范数（或模）.

由于在大多数与估计有关的问题中，矩阵和向量会同时参与讨论，所以希望引进一种矩阵的范数，它是和向量范数相联系而且和向量范数相容的，即对任何向量 $\boldsymbol{x}\in\mathbf{R}^n$ 及矩阵 $\boldsymbol{A}\in\mathbf{R}^{n\times n}$ 都成立

$$\|\boldsymbol{Ax}\| \leqslant \|\boldsymbol{A}\|\cdot\|\boldsymbol{x}\|$$

上述条件（即不等式）就称为**矩阵范数与向量范数的相容性条件**.

为此我们再引进一种矩阵的范数.

定义 1.11（矩阵的算子范数） 设 $\boldsymbol{x}\in\mathbf{R}^n$，$\boldsymbol{A}\in\mathbf{R}^{n\times n}$，给出一种向量范数 $\|\boldsymbol{x}\|_v$（如 $v=1$，2 或∞），相应地定义一个矩阵的非负函数

$$\|\boldsymbol{A}\|_v=\max_{x\neq 0}\frac{\|\boldsymbol{Ax}\|_v}{\|\boldsymbol{x}\|_v}$$

可验证 $\|\boldsymbol{A}\|_v$ 满足定义，所以 $\|\boldsymbol{A}\|_v$ 是 $\mathbf{R}^{n\times n}$ 上矩阵的一个范数，称为 $\boldsymbol{A}$ 的**算子范数**，也称**从属范数**.

定理 1.2 设 $\|\boldsymbol{x}\|_v$ 是 $\mathbf{R}^n$ 上的一个向量范数，则 $\|\boldsymbol{A}\|_v$ 是 $\mathbf{R}^{n\times n}$ 上矩阵的范数，且满足相容条件

$$\|\boldsymbol{Ax}\|_v \leqslant \|\boldsymbol{A}\|_v\,\|\boldsymbol{x}\|_v$$

显然这种矩阵的范数 $\|\boldsymbol{A}\|_v$ 依赖于向量范数 $\|\boldsymbol{x}\|_v$ 的具体含义. 也就是说：当给出一种具体的向量范数 $\|\boldsymbol{x}\|_v$ 时，相应地就得到了一种矩阵范数 $\|\boldsymbol{A}\|_v$.

常用的算子范数有：

① $\|\boldsymbol{A}\|_\infty=\max\limits_{1\leqslant i\leqslant n}\sum\limits_{j=1}^{n}|a_{ij}|$；

② $\|\boldsymbol{A}\|_1=\max\limits_{1\leqslant j\leqslant n}\sum\limits_{i=1}^{n}|a_{ij}|$；

③ $\|\boldsymbol{A}\|_2=\sqrt{\lambda_{\max}(\boldsymbol{A}^{\mathrm{T}}\boldsymbol{A})}$.

其中 $\lambda_{\max}(\boldsymbol{A}^{\mathrm{T}}\boldsymbol{A})$ 表示 $\boldsymbol{A}^{\mathrm{T}}\boldsymbol{A}$ 的最大特征值. 由于矩阵 2- 范数与 $\boldsymbol{A}^{\mathrm{T}}\boldsymbol{A}$ 的特征值有关，所以又被称为 $\boldsymbol{A}$ 的**谱范数**.

定义 1.12 设 $\boldsymbol{A}\in\mathbf{R}^{n\times n}$ 的特征值为 λ_i，$i=1,2,3,\cdots,n$，称

$$\rho(\boldsymbol{A})=\max_{1\leqslant i\leqslant n}|\lambda_i|$$

为 $\boldsymbol{A}$ 的**谱半径**.

对于矩阵谱半径，我们有下述定理：

定理 1.3（特征值上界） 设 $\boldsymbol{A}\in\mathbf{R}^{n\times n}$，$\|\cdot\|$ 为任一种算子范数，则

$$\rho(\boldsymbol{A})\leqslant\|\boldsymbol{A}\|$$

反之，对任意实数 $\varepsilon>0$，至少存在一种算子范数 $\|\boldsymbol{A}\|$，使

$$\|A\| \leqslant \rho(A) + \varepsilon$$

定理 1.4 若 $\|A\| < 1$，则矩阵 $I \pm A$ 非奇异，且满足

$$\|(I \pm A)^{-1}\| \leqslant \frac{1}{1 - \|A\|}$$

证明 首先考虑 $I - A$ 情形. 用反证法，设 $\det(I - A) = 0$，则方程 $(I - A)x = 0$ 有非零解，即存在 $x_0 \in \mathbf{R}^n$，$x_0 \neq 0$，使得 $(I - A)x_0 = 0$，故

$$\|A\| = \max_{\|x\| \neq 0} \frac{\|Ax\|}{\|x\|} \geqslant \frac{\|Ax_0\|}{\|x_0\|} = 1$$

这与 $\|A\| < 1$ 矛盾.

进一步，利用 $I = I - A + A$，等式两边同时乘以 $(I - A)^{-1}$ 得到 $(I - A)^{-1} = I + A(I - A)^{-1}$，从而

$$\|(I - A)^{-1}\| \leqslant \|I\| + \|A\| \cdot \|(I - A)^{-1}\|$$

将上式整理即得

$$\|(I - A)^{-1}\| \leqslant \frac{1}{1 - \|A\|}$$

类似的可证明矩阵 $I + A$ 也满足上面的不等式.

习　题

1. 已知近似数 $a = 35.246\,8$，$b = -0.370$，$c = 0.000\,52$ 的绝对误差限都是 $0.000\,5$，问它们具有几位有效数字？

2. 已知 $\pi = 3.141\,592\,654\cdots$，问：

(1) 若其近似值取 5 位有效数字，则该近似值是什么？其误差限是多少？

(2) 若其近似值精确到小数点后面 4 位，则该近似值是什么？其误差限是多少？

(3) 若其近似值的绝对误差限为 0.5×10^{-5}，则该近似值是什么？

3. 要使 $\sqrt{6}$ 的近似值的相对误差限小于 0.1%，需取几位有效数字？

4. 求方程 $x^2 - (10^9 + 1)x + 10^9 = 0$ 的根.

5. 已知积分 $I_n = \mathrm{e}^{-1}\int_0^1 x^n \mathrm{e}^x \mathrm{d}x\ (n = 0, 1, \cdots)$ 具有递推关系

$$I_n = 1 - nI_{n-1},\ n = 1, 2, \cdots$$

试在 4 位十进制计算机上利用下面两种算法计算积分 $I_0, I_1, \cdots, I_9$.

(1) 令 $I_0 = 0.632\,1$，计算 $I_n = 1 - nI_{n-1}$，$n = 1, 2, \cdots, 9$；

(2) 令 $I_9 = 0.068\,4$，计算 $I_{n-1} = \dfrac{1}{n}(1 - I_n)$，$n = 9, 8, \cdots, 1$；

(3) 哪种算法准确，为什么？

6. 怎样计算下列各题才能使得结果比较准确？

(1) $\sin(x+y)-\sin x$，其中$|y|$充分小；

(2) $1-\cos 1°$；

(3) $\ln(\sqrt{10^{10}+1}-10^{5})$.

第 2 章　插值与拟合

在生产和科学实验中，自变量 x 与因变量 y 的函数 $y=f(x)$ 有时不能直接写出表达式，而只能得到函数在若干个点的函数值或导数值. 当要求观测点之外的函数值时，需要估计函数值在该点处的值. 还有些函数虽然已经知道解析表达式，但由于形式过于复杂而不易使用. 函数的插值和拟合讨论如何用易于计算的简单函数近似函数表或复杂函数.

设 $\{x_i\}_{i=0}^n$ 是 $\mathbf{R}$ 中若干个不同的点，每个点 x_i 对应一个数值 $y_i\in\mathbf{R}$，它们可以通过实验或观测得到，也可以是一个已知函数的值 $f(x_i)$. 要根据观测点的值，构造一个比较简单的函数 $y=\varphi(x)$，使函数在观测点的值等于已知的数值或导数值. 寻找这样的函数 $\varphi(x)$，办法有很多. 根据测量数据的类型，我们主要介绍以下两种处理数据的方法：

(1) 测量值准确，没有误差，作一条曲线，其类型是事先人为给定的(最简单的即代数多项式)，使该曲线经过所有点 $\{x_i, y_i\}_{i=0}^n$，这就是插值问题.

(2) 测量值与真实值有误差，作一条指定类型的曲线，使该曲线能在“一定意义”下逼近这一组数据，这就是曲线拟合问题.

下面给出和插值有关的几个定义：

定义 2.1　设 $y=f(x)$ 在区间 $[a, b]$ 上有定义，且已知在一系列节点 $a\leqslant x_0<x_1<\cdots<x_n\leqslant b$ 处测得函数值 $y_0, y_1, \cdots, y_n$，若存在一简单函数 $P(x)$，使

$$P(x_i)=y_i,\ i=0, 1, \cdots, n \tag{2.1}$$

成立，就称 $P(x)$ 为 $f(x)$ 的**插值函数**，点 $x_0, x_1, \cdots, x_n$ 称为**插值节点**，包含插值节点的区间 $[a, b]$ 称为**插值区间**，求插值函数 $P(x)$ 的方法称为**插值法**，式(2.1) 称为**插值条件**. 若 $P(x)$ 是次数不超过 n 的代数多项式，即

$$P(x)=a_0+a_1x+\cdots+a_nx^n \tag{2.2}$$

其中 a_i 为实数，就称 $P(x)$ 为**插值多项式**，相应的插值法称为**多项式插值**.若 $P(x)$ 为分段的多项式，就称为**分段插值**.若 $P(x)$ 为三角多项式，则相应地，称为**三角插值**. 本章只讨论多项式插值与分段插值.

本章主要讨论以下问题：

(1) 插值函数是否存在和唯一?

(2) 如何表示插值函数?

(3) 如何估计被插函数 $f(x)$ 与 $P(x)$ 的误差?

§2.1 拉格朗日插值

2.1.1 插值多项式的存在唯一性

代数多项式插值是最简单的插值. 我们首先研究代数多项式插值的唯一性.

设在区间$[a, b]$上给定$n+1$个点

$$a \leqslant x_0 < x_1 < \cdots < x_n \leqslant b$$

上的函数值 $y_i = f(x_i)$ $(i=0, 1, \cdots, n)$，求次数不超过 n 的多项式(2.2)，使

$$P(x_i) = y_i, \ i=0, 1, \cdots, n \tag{2.3}$$

由此，得到关于系数 $a_0, a_1, \cdots, a_n$ 的 $n+1$ 元线性方程组

$$\begin{cases} a_0 + a_1 x_0 + a_2 x_0^2 + \cdots + a_n x_0^n = y_0 \\ a_0 + a_1 x_1 + a_2 x_1^2 + \cdots + a_n x_1^n = y_1 \\ \qquad\qquad\vdots \\ a_0 + a_1 x_n + a_2 x_n^2 + \cdots + a_n x_n^n = y_n \end{cases} \tag{2.4}$$

此方程组有 $n+1$ 个方程和 $n+1$ 个未知数，其系数行列式是范德蒙德(Vandermonde) 行列式：

$$\boldsymbol{D} = \begin{vmatrix} 1 & x_0 & x_0^2 & \cdots & x_0^n \\ 1 & x_1 & x_1^2 & \cdots & x_1^n \\ \vdots & \vdots & \vdots & & \vdots \\ 1 & x_n & x_n^2 & \cdots & x_n^n \end{vmatrix} = \prod_{n \geqslant i > j \geqslant 0} (x_i - x_j)$$

当 $x_0, x_1, \cdots, x_n$ 各不相同时，方程组系数矩阵的行列式 $\boldsymbol{D}$ 不等于零，故方程组有唯一解. 于是有以下定理：

定理 2.1 满足插值条件(2.3) 的插值多项式 $P(x)$ 是存在唯一的.

显然，直接求解方程组(2.4) 可以得到插值多项式，但这是求解多项式最繁杂的方法，一般是不用的，下面将给出构造求解插值多项式更简单的方法.

2.1.2 拉格朗日插值方法的构造

1. 线性插值

为了得到 n 次插值多项式的一般形式，我们先从最简单的情况 $n=1$ 开始讨论.

已知两点(x_0, y_0)，(x_1, y_1)，求一次多项式 $L_1(x)$，使其满足

$$L_1(x_0) = y_0, \ L_1(x_1) = y_1$$

$y = L_1(x)$ 的几何意义是通过两点(x_0, y_0)，(x_1, y_1) 的直线，如图 2.1 所示.

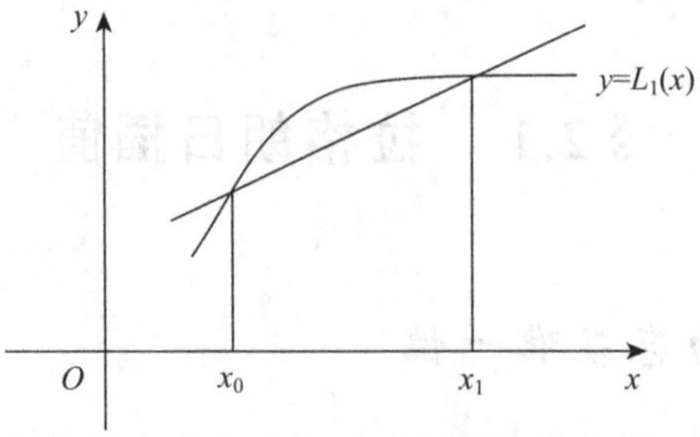

图 2.1　$y=L_1(x)$ 的几何意义图

可利用两点式写出直线的方程

$$L_1(x)=\frac{x-x_1}{x_0-x_1}y_0+\frac{x-x_0}{x_1-x_0}y_1 \tag{2.5}$$

记 $l_0(x)=\frac{x-x_1}{x_0-x_1}$，$l_1(x)=\frac{x-x_0}{x_1-x_0}$，从式(2.5)可以看出，$L_1(x)$ 是由这两个线性函数 $l_0(x)$，$l_1(x)$ 的线性组合得到的，其系数分别为 y_0，y_1，即

$$L_1(x)=l_0(x)y_0+l_1(x)y_1=\sum_{i=0}^{1}l_i(x)y_i \tag{2.6}$$

称 $l_i(x)(i=0,1)$ 为线性插值基函数，称多项式(2.6)为线性插值多项式，由基函数的表达式，可以知道

$$l_i(x_j)=\delta_{ij}=\begin{cases}0, & i\neq j\\ 1, & i=j\end{cases},\ i,j=0,1$$

2. 抛物插值

当 $n=2$ 时，已知三点 (x_0,y_0)，(x_1,y_1)，(x_2,y_2)，求二次多项式 $L_2(x)$，使其满足

$$L_2(x_0)=y_0,\ L_2(x_1)=y_1,\ L_2(x_2)=y_2$$

$y=L_2(x)$ 的几何意义是通过三点 (x_0,y_0)，(x_1,y_1)，(x_2,y_2) 的抛物线. 仿照线性插值多项式的构造方法，即用插值基函数的方法构造插值多项式，设

$$L_2(x)=l_0(x)y_0+l_1(x)y_1+l_2(x)y_2 \tag{2.7}$$

每个基函数 $l_i(x)$ 都是一个二次函数，且在节点上满足

$$l_0(x_0)=1,\ l_0(x_1)=0,\ l_0(x_2)=0$$
$$l_1(x_0)=0,\ l_1(x_1)=1,\ l_1(x_2)=0$$
$$l_2(x_0)=0,\ l_2(x_1)=0,\ l_2(x_2)=1$$

根据这些条件很容易求出每个基函数的表达式，例如，$l_0(x)$ 有两个零点 x_1，x_2，因此可设

$$l_0(x)=A(x-x_1)(x-x_2)$$

由条件 $l_0(x_0)=1$，可算出

$$A=\frac{1}{(x_0-x_1)(x_0-x_2)}$$

于是

$$l_0(x)=\frac{(x-x_1)(x-x_2)}{(x_0-x_1)(x_0-x_2)}$$

类似地，可以算出

$$l_1(x)=\frac{(x-x_0)(x-x_2)}{(x_1-x_0)(x_1-x_2)},\ l_2(x)=\frac{(x-x_0)(x-x_1)}{(x_2-x_0)(x_2-x_1)}$$

因此

$$\begin{aligned}L_2(x)&=y_0l_0(x)+y_1l_1(x)+y_2l_2(x)\\&=\frac{(x-x_1)(x-x_2)}{(x_0-x_1)(x_0-x_2)}y_0+\frac{(x-x_0)(x-x_2)}{(x_1-x_0)(x_1-x_2)}y_1+\frac{(x-x_0)(x-x_1)}{(x_2-x_0)(x_2-x_1)}y_2\end{aligned}$$

显然，二次基函数仍然满足

$$l_i(x_j)=\delta_{ij}=\begin{cases}0,\ i\neq j\\1,\ i=j\end{cases},\ i,\ j=0,\ 1,\ 2$$

2.1.3 n 次拉格朗日插值多项式

下面我们将这种用插值基函数表示多项式的方法推广到一般情形.

考虑 $n+1$ 个互不相同的节点$(x_0,\ y_0)$，$(x_1,\ y_1)$，…，$(x_n,\ y_n)$，求 n 次多项式 $L_n(x)$，使其满足

$$L_n(x_i)=y_i,\ i=0,\ 1,\ 2,\ \cdots,\ n$$

我们可以仿照前面构造基函数的方法来构造 $L_n(x)$，对于 $n+1$ 个互不相同的插值节点$(x_i,\ y_i)$，$i=0,\ 1,\ 2,\ \cdots,\ n$，由 n 次多项式的唯一性，可对每个插值节点 x_i 作出相应的 n 次插值基函数 $l_i(x)$，$i=0,\ 1,\ 2,\ \cdots,\ n$，要求

$$l_i(x_j)=\delta_{ij}=\begin{cases}0,\ i\neq j\\1,\ i=j\end{cases},\ i,\ j=0,\ 1,\ \cdots,\ n$$

即 x_0，x_1，…，x_{i-1}，x_{i+1}，…，x_n 是 $l_i(x)$ 的零点，因此可设

$$l_i(x)=\alpha_i(x-x_0)(x-x_1)\cdots(x-x_{i-1})(x-x_{i+1})\cdots(x-x_n) \tag{2.8}$$

由 $l_i(x_i)=1$，将 $x=x_i$ 代入 $l_i(x)$ 得到

$$l_i(x)=\frac{(x-x_0)(x-x_1)\cdots(x-x_{i-1})(x-x_{i+1})\cdots(x-x_n)}{(x_i-x_0)(x_i-x_1)\cdots(x_i-x_{i-1})(x_i-x_{i+1})\cdots(x_i-x_n)}=\prod_{\substack{0\leqslant j\leqslant n\\ j\neq i}}\frac{x-x_j}{x_i-x_j} \tag{2.9}$$

作其组合

$$L_n(x)=\sum_{i=0}^{n}l_i(x)y_i \tag{2.10}$$

那么 $L_n(x)$ 为一至多 n 次多项式且满足插值条件

$$L_n(x_i)=y_i,\ i=0,\ 1,\ 2,\ \cdots,\ n$$

故 $L_n(x)$ 就是关于插值节点 x_0，x_1，…，x_n 的 n 次插值多项式，这种插值多项式的形式称

为拉格朗日(Lagrange)插值多项式，$l_i(x)(i=0,1,2,\cdots,n)$称为关于节点$x_0,x_1,\cdots,x_n$的拉格朗日基函数.

2.1.4 误差估计

下面我们讨论$L_n(x)$近似$f(x)$的截断误差，即$R_n(x)=f(x)-L_n(x)$，它也被称为插值多项式的余项，对此，我们有下面的定理成立：

定理 2.2 设函数$f(x)$的n阶导数$f^{(n)}(x)$在$[a,b]\subset \mathbf{R}$连续，它的$n+1$阶导数$f^{(n+1)}(x)$在(a,b)内存在，拉格朗日插值多项式$L_n(x)$满足条件

$$L_n(x_i)=y_i,\ i=0,1,2,\cdots,n$$

则对任何$x\in[a,b]$，插值余项

$$R_n(x)=f(x)-L_n(x)=\frac{f^{(n+1)}(\xi)}{(n+1)!}\omega_{n+1}(x),$$

其中$\omega_{n+1}(x)=(x-x_0)(x-x_1)\cdots(x-x_n)$.

证明 由插值条件$L_n(x_i)=y_i,\ i=0,1,2,\cdots,n$得到

$$R_n(x_i)=0,\ i=0,1,2,\cdots,n,$$

其中$\{x_i\}$是插值节点. 故拉格朗日插值的余项可以写成

$$R(x)=K(x)\omega_{n+1}(x) \tag{2.11}$$

其中$K(x)$是待定的函数. 为了求出$K(x)$，构造辅助函数

$$\varphi(s)=f(s)-L_n(s)-K(x)\omega_{n+1}(s), \tag{2.12}$$

这里的x视为是任意固定的，设$x\neq x_i,\ i=0,1,2,\cdots,n$，则函数$\varphi(s)$有$n+2$个零点. 由罗尔(Roll)定理，知$\varphi'(s)$在$(a,b)$内至少有$n+1$个零点，$\varphi''(s)$在$(a,b)$内至少有$n$个零点；最终$\varphi^{(n)}(s)$在$(a,b)$内至少有2个零点；$\varphi^{(n+1)}(s)$在$(a,b)$内至少有1个零点，设该点为$\xi$，即$\varphi^{(n+1)}(\xi)=0$，而

$$\varphi^{(n+1)}(s)=f^{(n+1)}(s)-K(x)(n+1)!,$$

所以，$K(x)=\dfrac{f^{(n+1)}(\xi)}{(n+1)!}$.

将上式代入式(2.11)便得到最后结果.

这里我们指出，余项表达式只有在$f(x)$的高阶导数存在时才能应用，ξ在(a,b)内的具体位置通常不可能给出，若$\max\limits_{a\leqslant x\leqslant b}|f^{(n+1)}(x)|=M_{n+1}$，利用上述定理，可以估计在任一点处$L_n(x)$近似$f(x)$的截断误差

$$|R_n(x)|\leqslant\frac{M_{n+1}}{(n+1)!}|\omega_{n+1}(x)|.$$

思考：线性插值和抛物插值的截断误差是多少？

【例 2-1】 已知四点$(-1,-2)$，$(1,0)$，$(3,-6)$，$(4,3)$，试作出三次拉格朗日插值多项式.

解 利用公式(2.9)容易写出拉格朗日插值多项式基函数为

$$l_0(x)=\frac{(x-1)(x-3)(x-4)}{(-1-1)\times(-1-3)\times(-1-4)}=-\frac{1}{40}(x-1)(x-3)(x-4)$$

$$l_1(x)=\frac{(x+1)(x-3)(x-4)}{(1+1)\times(1-3)\times(1-4)}=\frac{1}{12}(x+1)(x-3)(x-4)$$

$$l_2(x)=\frac{(x+1)(x-1)(x-4)}{(3+1)\times(3-1)\times(3-4)}=-\frac{1}{8}(x+1)(x-1)(x-4)$$

$$l_3(x)=\frac{(x+1)(x-1)(x-3)}{(4+1)\times(4-1)\times(4-3)}=\frac{1}{15}(x+1)(x-1)(x-3)$$

则三次拉格朗日插值多项式为

$$\begin{aligned}L_2(x)&=y_0l_0(x)+y_1l_1(x)+y_2l_2(x)+y_3l_3(x)\\&=x^3-4x^2+3\end{aligned}$$

【例 2-2】 已知函数 $f(x)=\sqrt{x}$，分别用线性插值和二次插值求 $f(115)$，并估计截断误差.

分析：本题理解为，已知“复杂”函数 $f(x)=\sqrt{x}$，当 $x=100, 121, 144$ 时，其对应的函数值 $f(x)$ 为 10，11，12. 当 $x=115$ 时，求函数值 $f(115)$，并估计截断误差.

解 (1) 线性插值：过已知的(100，10) 和(121，11) 两个点，构造一次多项式函数 $L_1(x)$，于是有

$$L_1(x)=\frac{x-121}{100-121}\times 10+\frac{x-100}{121-100}\times 11$$

则 $f(115)\approx L_1(115)=10.714\,285\,714\,285\,72$.

误差估计：由定理 2.2

$$|L_1(115)-f(115)|=\left|\frac{f''(\xi)}{2!}(115-100)\times(115-121)\right|$$

当 $x\in[100, 115]$ 时，$\max\limits_{a\leqslant x\leqslant b}|f''(x)|=2.5\times 10^{-4}$，则有

$$|L_1(115)-f(115)|\leqslant 0.011\,25<0.05$$

于是近似值 $f(115)\approx L_1(115)=10.71$ 有三位有效数字.

(2) 抛物插值：构造二次多项式函数 $L_2(x)$，使得它过已知的(100，10)，(121，11) 和(144，12) 三个点. 于是有二次拉格朗日插值多项式

$$\begin{aligned}L_2(x)=&\frac{(x-121)(x-144)}{(100-121)\times(100-144)}\times 10+\frac{(x-100)(x-144)}{(121-100)\times(121-144)}\times 11\\&+\frac{(x-100)(x-121)}{(144-100)\times(144-121)}\times 12\end{aligned}$$

则有 $f(115)\approx L_2(115)=10.722\,755\,505\,364\,20$.

误差估计：由定理 2.2

$$|L_2(115)-f(115)|=\left|\frac{f'''(\xi)}{3!}(115-100)\times(115-121)\times(115-144)\right|$$

当 $x\in[100, 115]$ 时，$\max\limits_{a\leqslant x\leqslant b}|f'''(x)|=3.75\times 10^{-6}$，则有

$$|L_2(115)-f(115)|\leqslant 0.001\,631\,25<0.005$$

于是近似值 $f(115)\approx L_2(115)=10.722\,755\,505\,364\,20$ 有四位有效数字.

2.1.5 上机程序

```
function out = polyinterp(x,y,u)
n = length(x);
v = zeros(size(u));
for k = 1:n
    w = ones(size(u));
    for j = [1:k-1 k+1:n]
      w = (u-x(j))./(x(k)-x(j)).* w;
    end
    v = v+w* y(k);
end
out = v;
```

这里，输入节点 x，y，要计算的插值点 u（均为数组，长度自定义），输出函数在插值点 u 处的近似值 v（与 u 同长度数组）. 应用时输入 x，y，u 后，运行 v=polyinterp(x, y, u)，得到插值多项式在 u 处的函数值.

例如，对于【例 2-1】，输入下列命令：

```
>> x = [-1 1 3 4];
>> y = [-2 0 -6 3];
>> u = [-1:0.1 :4];
>> v = polyinterp(x, y,u)
>> plot(x,y,'o',u,v,'-.')
```

结果如图 2.2 所示.

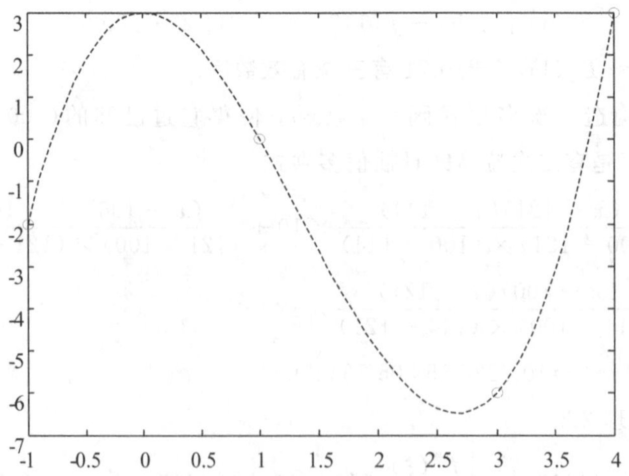

图 2.2 运行结果图

2.1.6 算法评价

拉格朗日公式的优点是有较强的规律性，容易编写程序利用计算机进行数值计算，只需双重循环

$$L_n(x)=\sum_{i=0}^{n} l_i(x)y_i=\sum_{i=0}^{n}\prod_{\substack{0\leqslant j\leqslant n\\ j\neq i}}\frac{x-x_j}{x_i-x_j}y_i$$

即可. 它的不足之处是若发现当前的插值方法不够精确，如果要增加插值点的个数，则所有拉格朗日插值基函数 $l_i(x)$ 都将重新计算.

§2.2 牛顿插值

2.2.1 多项式的逐次生成

拉格朗日插值简单易用，但若要增加一个节点，全部基函数 $l_i(x)$ 都需重新计算. 为了克服这些缺点，我们尝试设计一个可以逐次生成插值多项式的算法，即 $N_n(x)=N_{n-1}(x)+u_n(x)$. 其中 $N_n(x)$ 和 $N_{n-1}(x)$ 分别为 n 次和 $n-1$ 次插值多项式，即若想得到 $n+1$ 个节点的 n 次多项式，只需要在算出的 $n-1$ 次多项式后再加上一个 n 次多项式 $u_n(x)$ 就可以，用这种方法得到的多项式称为牛顿插值多项式.

下面我们仍从最简单的情形 $n=1$ 时开始讨论.

记此时过两个点 (x_0, y_0)，(x_1, y_1) 的线性插值多项式为 $N_1(x)$，满足插值条件

$$N_1(x_0)=f(x_0),\ N_1(x_1)=f(x_1)$$

利用点斜式可以将 $N_1(x)$ 表示为

$$N_1(x)=f(x_0)+\frac{f(x_1)-f(x_0)}{x_1-x_0}(x-x_0)$$

它可以看成是零次插值 $N_0(x)=f(x_0)$ 的修正，即

$$N_1(x)=N_0(x)+a_1(x-x_0)$$

其中，$a_1=\dfrac{f(x_1)-f(x_0)}{x_1-x_0}$ 是函数 $f(x)$ 关于点 x_0，x_1 的差商.

再考察三个节点 (x_0, y_0)，(x_1, y_1)，(x_2, y_2) 的二次多项式 $N_2(x)$，它满足插值条件

$$N_2(x_0)=f(x_0),\ N_2(x_1)=f(x_1),\ N_2(x_2)=f(x_2)$$

则 $N_2(x)$ 可表示为

$$N_2(x)=N_1(x)+a_2(x-x_0)(x-x_1)$$

由 $N_2(x_2)=f(x_2)$，得

$$a_2=\frac{N_2(x_2)-N_1(x_2)}{(x_2-x_0)(x_2-x_1)}=\frac{\dfrac{f(x_2)-f(x_0)}{x_2-x_0}-\dfrac{f(x_1)-f(x_0)}{x_1-x_0}}{x_2-x_1}$$

系数 a_2 为函数 $f(x)$ 的"差商的差商".

将其推广到一般情形，考虑 $n+1$ 个互不相同的节点(x_0, y_0)，(x_1, y_1)，…，(x_n, y_n)，要求 n 次多项式 $N_n(x)$，使其满足

$$N_n(x_i)=f(x_i),\ i=0,1,2,\cdots,n \tag{2.13}$$

则 $N_n(x)$ 可表示为

$$N_n(x)=a_0+a_1(x-x_0)(x-x_1)+\cdots+a_n(x-x_0)\cdots(x-x_n) \tag{2.14}$$

其中 $a_0, a_1, \cdots, a_n$ 为待定系数，可由条件(2.13) 决定. 与拉格朗日插值不同，这里的$N_n(x)$由基函数$\{1, x-x_0, \cdots, (x-x_0)\cdots(x-x_{n-1})\}$逐次递推得到的. 那么这些系数$a_0, a_1, \cdots, a_n$是什么，该如何计算呢？下面我们引入差商的定义.

2.2.2 差商及其性质

1. 差商的定义

定义 2.2 设 $n+1$ 个点 $x_0, x_1, \cdots, x_n$ 互不相等，则：

x_i 和 $x_j(i\neq j)$ 两点的**一阶差商**为 $f[x_i, x_j]=\dfrac{f(x_i)-f(x_j)}{x_i-x_j}$；

x_i, x_j, x_k 三点的**二阶差商**为 $f[x_i, x_j, x_k]=\dfrac{f[x_i, x_j]-f[x_j, x_k]}{x_i-x_k}$；

x_i, x_j, x_k, x_l 四点的**三阶差商**为

$$f[x_i, x_j, x_k, x_l]=\frac{f[x_i, x_j, x_k]-f[x_j, x_k, x_l]}{x_i-x_l};$$

$n+1$ 个点 $x_0, x_1, \cdots, x_n$ 的 n **阶差商**为

$$f[x_0, x_1, \cdots, x_n]=\frac{f[x_0, x_1, \cdots, x_{n-1}]-f[x_1, x_2, \cdots, x_n]}{x_0-x_n}.$$

2. 差商的性质

性质 1 k 阶差商$f[x_0, x_1, x_2, \cdots, x_k]$可表为函数值$f(x_0), f(x_1), \cdots, f(x_k)$的线性组合，即 $f[x_0, x_1, x_2, \cdots, x_k]=\sum\limits_{i=0}^{k}\dfrac{f(x_i)}{\omega'_{k+1}(x_i)}$,其中 $\omega_{k+1}(x)=(x-x_0)(x-x_1)\cdots(x-x_k)$.

这个性质可用数学归纳法证明(见课后习题第 4 题). 该性质也表明，差商与节点的排列顺序无关，称为**差商的对称性**，即

$$f[x_0, x_1, \cdots, x_k]=f[x_{i0}, x_{i1}, \cdots, x_{ik}]$$

其中 $i_0, i_1, \cdots, i_k$是 0，1，…，k 的任一排列.

性质 2 若 $f(x)$ 在$[a,b]$上存在 n 阶导数，且节点 $x_0, x_1, \cdots, x_n\in[a, b]$，则 n 阶差

商与导数关系如下：

$$f[x_0, x_1, \cdots, x_n]=\frac{f^{(n)}(\xi)}{n!}, \xi \in [a, b]$$

该性质可用罗尔定理证明.

3. 差商的计算

我们通常用列表的形式来计算差商，见表 2.1.

表 2.1 差商表

x_i	$f(x_i)$	一阶差商	二阶差商	三阶差商	…	n 阶差商
x_0	$f(x_0)$					
x_1	$f(x_1)$	$f[x_0, x_1]$				
x_2	$f(x_2)$	$f[x_1, x_2]$	$f[x_0, x_1, x_2]$			
x_3	$f(x_3)$	$f[x_2, x_3]$	$f[x_1, x_2, x_3]$	$f[x_0, x_1, x_2, x_3]$		
⋮	⋮	⋮	⋮	⋮		
x_n	$f(x_n)$	$f[x_{n-1}, x_n]$	$f[x_{n-2}, x_{n-1}, x_n]$	$f[x_{n-3}, x_{n-2}, \cdots, x_n]$	…	$f[x_0, x_1, \cdots, x_n]$

【例 2-3】 计算(−2, 17), (0, 1), (1, 2), (2, 19) 的一到三阶差商.

根据差商的定义，可以得到下面的差商表见表 2.2.

表 2.2 差商表

x_i	$f(x_i)$	一阶差商	二阶差商	三阶差商
−2	17			
0	1	−8		
1	2	1	3	
2	19	17	8	1.25

2.2.3 牛顿插值多项式

根据差商的概念，有下列等式成立：

$$f(x)=f(x_0)+f[x, x_0](x-x_0)$$

$$f[x, x_0]=f[x_0, x_1]+f[x, x_0, x_1](x-x_1)$$

⋮

$$f[x, x_0, \cdots, x_{n-1}]=f[x_0, x_1, \cdots, x_n]+f[x, x_0, x_1, \cdots, x_n](x-x_n)$$

把以上各式从后向前逐次代入，可以得到：

$$\begin{aligned} f(x)=&f(x_0)+f[x_0, x_1](x-x_0)+f[x_0, x_1, x_2](x-x_0)(x-x_1)+\cdots+\\ &f[x_0, x_1, \cdots, x_n](x-x_0)(x-x_1)\cdots(x-x_{n-1})+\\ &f[x, x_0, x_1, \cdots, x_n](x-x_0)(x-x_1)\cdots(x-x_n)=N_n(x)+R_n(x)\end{aligned}$$

其中

$$N_n(x)=f(x_0)+f[x_0,x_1](x-x_0)+f[x_0,x_1,x_2](x-x_0)(x-x_1)+\cdots+ f[x_0,x_1,\cdots,x_n](x-x_0)(x-x_1)\cdots(x-x_{n-1}) \tag{2.15}$$

为次数不超过 n 的多项式，且满足插值条件(2.13). 它就是形如(2.14) 的 n 次插值多项式，其系数 $a_k=f[x_0,x_1,\cdots,x_k]$，我们称 $N_n(x)$ 为牛顿(Newton) 插值多项式，称

$$R_n(x)=f[x,x_0,x_1,\cdots,x_n](x-x_0)(x-x_1)\cdots(x-x_n)$$

为牛顿插值多项式的误差或余项.

注 2.1 (1) 由插值多项式的唯一性可知，牛顿插值多项式和拉格朗日插值多项式是等价的，即 $N_n(x)\equiv L_n(x)$，且余项相同，因此我们得到函数差商和函数导数之间的关系式：

$$f[x,x_0,x_1,\cdots,x_n]=\frac{f^{(n+1)}(\xi)}{(n+1)!},\xi\in[a,b].$$

(2) 由表达式(2.15) 可以看出，要构造牛顿插值多项式，首先要构造节点的差商表，然后利用差商表的最外一行，得到牛顿插值多项式

$$N_n(x)=f(x_0)+f[x_0,x_1](x-x_0)+f[x_0,x_1,x_2](x-x_0)(x-x_1)+\cdots+ f[x_0,x_1,\cdots,x_n](x-x_0)(x-x_1)\cdots(x-x_{n-1})$$

【例 2-4】 已知函数 $y=\ln x$ 的函数值见表 2.3.

表 2.3 $y=\ln x$ 的函数值

x	0.4	0.5	0.6	0.7	0.8
$f(x)$	−0.916 3	−0.693 1	−0.510 8	−0.356 7	−0.223 1

试分别用牛顿线性插值和抛物线插值计算 ln 0.54 的近似值.

解 取节点 0.5，0.6，0.4，作差商见表 2.4.

表 2.4 差商表

x_i	$f(x_i)$	一阶差商	二阶差商
0.5	−0.693 1		
0.6	−0.510 8	1.823 0	
0.4	−0.916 3	2.027 5	−2.045 0

利用式(2.15)，可得

$$N_1(x)=-0.6931+1.8230\times(x-0.5)$$

$$N_1(0.54)=-0.6202$$

$$N_2(x)=-0.6931+1.8230\times(x-0.5)-2.0450\times(x-0.5)(x-0.6)$$

$$N_2(0.54)=-0.6153$$

注 2.2 (1) 插值节点无须递增排列，但必须确保互不相同.

(2) 可以看出，当增加一个节点时，牛顿插值公式只需在原来的基础上增加一项，前面的

计算结果仍然可以使用. 与拉格朗日插值相比，牛顿插值具有灵活增加节点的优点.

(3) 增加插值节点时，须加在已有插值节点的后面.

2.2.4 上机程序

1. 给出向量 $\boldsymbol{x}$，$\boldsymbol{y}$，计算 $\boldsymbol{x}$，$\boldsymbol{y}$ 的各阶差商.

```
function out=diff_quot(x,y) %
n=length(x);
f(:,1)=y;
for j=2:n
  for i=j:n
  f(i,j)=(f(i,j-1)-f(i-1,j-1))/(x(i)-x(i-j+1));
  end
end
out=f;
```

2. 牛顿插值多项式的程序如下：

```
function out=newon_interp(x,y,u)
n=length(x);
m=length(u);
f=zeros(n,n);
V=0*u;
f=diff_quot(x,y);
for j=1:m
  for k=2:n
    t=1;
    for i=1:k-1
      t=(u(j)-x(i))*t;
    end
    V(j)=V(j)+f(k,k)*t;
  end
  V(j)=V(j)+f(1,1);
end
out=V;
```

对于【例 2-3】，输入下列命令：

```
>> x=[-2,0,1,2]';
>> y=[17,1,2,19]';
```

```
>> F=diff_quot(x,y)
```

$$
F=\begin{bmatrix}17 & 0 & 0 & 0\\ 1 & -8 & 0 & 0\\ 2 & 1 & 3 & 0\\ 19 & 17 & 8 & 1.25\end{bmatrix}
$$

例如，对于【例 2-4】的线性插值，输入下列命令：

```
>> x=[0.5,0.6];
>> y=[-0.6931,-0.5108];
>> u=0.54;
>> V=newon_interp(x,y,u),
>> V=0.6202
```

对于抛物插值，输入下列命令：

```
>> x=[0.5,0.6,0.4];
>> y=[-0.6931,-0.5108,-0.9163];
>> u=0.54;
>> V=newon_interp(x,y,u),
>> V=0.6153
```

2.2.5 算法评价

与拉格朗日插值多项式相比，牛顿插值多项式可以灵活地增加插值节点进行递推计算，减少了乘除法运算. 该公式形式对称，结构紧凑，因而容易编写计算程序. 牛顿插值多项式是拉格朗日插值多项式的另一种表现形式.

§ 2.3 埃尔米特插值

在构造插值函数时，如果不仅要求插值多项式节点处的函数值与被插函数的函数值相同，还要求在节点处的插值函数与被插函数的一阶导数的值或更高阶导数的值也相同，这样的插值称为**埃尔米特**(Hermite) **插值**或称**密切插值**.

设 $y=f(x)$ 具有一阶连续导数以及函数在 $n+1$ 个点 x_0，x_1，…，x_n 上的函数值 y_0，y_1，…，y_n 及一阶导函数值 m_0，m_1，…，m_n，构造一个 $2n+1$ 次代数多项式函数 $H_{2n+1}(x)$，使得

$$
\begin{cases}H_{2n+1}(x_i)=y_i\\ H'_{2n+1}(x_i)=m_i\end{cases},\quad i=0,1,\cdots,n, \tag{2.16}
$$

则称 $H_{2n+1}(x)$ 为 $f(x)$ 关于节点 x_0，x_1，…，x_n 的**埃尔米特插值多项式**.

为了得到埃尔米特插值多项式 $H_{2n+1}(x)$，我们仍从最简单的情形 $n=1$ 时开始讨论.

2.3.1　三次埃尔米特插值多项式

给定 $f(x_0)=y_0$，$f(x_1)=y_1$，$f'(x_0)=m_0$，$f'(x_1)=m_1$，构造满足下列条件的埃尔米特插值多项式 $H_3(x)$.

$$\begin{cases} H_3(x_i)=y_i \\ H'_3(x_i)=m_i \end{cases},\ i=0,1.$$

分析：用 4 个条件，至多可确定三次多项式. 可以证明满足上述条件的三次埃尔米特插值多项式是存在并且唯一的. 类似于构造拉格朗日插值多项式的方法，通过构造插值基函数作出 $H_3(x)$.

设三次埃尔米特插值多项式的表达式如下：

$$H_3(x)=y_0\alpha_0(x)+y_1\alpha_1(x)+m_0\beta_0(x)+m_1\beta_1(x)$$

要使 $H_3(x)$ 满足条件

$$\begin{cases} H_3(x_0)=y_0,\ H_3(x_1)=y_1, \\ H'_3(x_0)=m_0,\ H'_3(x_1)=m_1. \end{cases} \tag{2.17}$$

其中 $\alpha_0(x)$，$\alpha_1(x)$，$\beta_0(x)$，$\beta_1(x)$ 是关于节点 x_0 及 x_1 的三次埃尔米特插值基函数，它们满足的条件见表 2.5.

表 2.5　基函数的函数值和对应的导数值

条件 / 函数	函数值		导数值	
	x_0	x_1	x_0	x_1
$\alpha_0(x)$	1	0	0	0
$\alpha_1(x)$	0	1	0	0
$\beta_0(x)$	0	0	1	0
$\beta_1(x)$	0	0	0	1

由基函数满足的条件可以得到四个基函数的表达式为：

$$\begin{cases} \alpha_0(x)=\left(1+2\dfrac{x-x_0}{x_1-x_0}\right)\left(\dfrac{x-x_1}{x_0-x_1}\right)^2, \beta_0(x)=(x-x_0)\left(\dfrac{x-x_1}{x_0-x_1}\right)^2 \\ \alpha_1(x)=\left(1+2\dfrac{x-x_1}{x_0-x_1}\right)\left(\dfrac{x-x_0}{x_1-x_0}\right)^2,\ \beta_1(x)=(x-x_1)\left(\dfrac{x-x_0}{x_1-x_0}\right)^2 \end{cases} \tag{2.18}$$

于是，满足条件(2.17) 的三次埃尔米特插值多项式是

$$H_3(x)=y_0\alpha_0(x)+y_1\alpha_1(x)+m_0\beta_0(x)+m_1\beta_1(x)$$

其中 $\alpha_0(x)$，$\alpha_1(x)$，$\beta_0(x)$，$\beta_1(x)$ 见(2.18).可以证明三次埃尔米特插值多项式的余项

$$R_3(x)=f(x)-H_3(x)=\frac{f^{(4)}(\xi_x)}{4!}(x-x_0)^2(x-x_1)^2,\ \forall x\in[x_0,x_1]$$

2.3.2　$2n+1$ 次埃尔米特插值多项式

下面,我们讨论 $n+1$ 个节点的情形,已知函数 $y=f(x)$ 在 $n+1$ 个点 $x_0,x_1,\cdots,x_n$ 上的

函数值 $y_0, y_1, \cdots, y_n$ 及一阶导数值 $m_0, m_1, \cdots, m_n$ 构造一个 $2n+1$ 次多项式 $H_{2n+1}(x)$ 满足条件(2.16).

我们采用基函数的方法，先求插值基函数 $\alpha_j(x)$ 及 $\beta_j(x)(j=0, 1, \cdots, n)$ 共有 $2n+2$ 个，每一个基函数都是 $2n+1$ 次多项式，且满足条件

$$\begin{cases}\alpha_j(x_k)=\delta_{jk}, \ \alpha'_j(x_k)=0 \\ \beta_j(x_k)=0, \ \beta'_j(x_k)=\delta_{jk}\end{cases}, \quad j, k=0, 1, \cdots, n \tag{2.19}$$

其中

$$\delta_{jk}=\begin{cases}0, \ j \neq k \\ 1, \ j=k\end{cases}, \ j, k=0, 1, \cdots, n$$

于是满足条件(2.19) 的插值多项式 $H_{2n+1}(x)$ 可写成用插值基函数表示的形式：

$$H_{2n+1}(x)=\sum_{j=0}^{n} y_j \alpha_j(x)+m_j \beta_j(x) \tag{2.20}$$

下面求插值基函数 $\alpha_j(x)$ 及 $\beta_j(x)(j=0, 1, \cdots, n)$.

为此，利用拉格朗日插值基函数 $l_j(x)$. 令

$$\alpha_j(x)=(ax+b) l_j^2(x)$$

其中 $l_j(x)$ 见(2.9). 由条件(2.19)，有

$$\alpha_j(x_j)=(ax_j+b) l_j^2(x_j)$$

$$\alpha'_j(x_j)=l_j(x_j)[a l_j(x_j)+2(ax_j+b) l'_j(x_j)]=0$$

整理得到 $\begin{cases}ax_j+b=1 \\ a+2l'_j(x_j)=0\end{cases}$，解出 $a=-2l'_j(x_j)$，$b=1+2x_j l'_j(x_j)$.

由于

$$l_j(x)=\frac{(x-x_0)(x-x_1)\cdots(x-x_{i-1})(x-x_{i+1})\cdots(x-x_n)}{(x_j-x_0)(x_j-x_1)\cdots(x_j-x_{i-1})(x_j-x_{i+1})\cdots(x_j-x_n)}$$

利用两端取对数再求导，得

$$l'_j(x_j)=\sum_{\substack{k=0 \\ k \neq j}}^{n} \frac{1}{x_j-x_k}$$

于是

$$\alpha_j(x)=\left[1-2(x-x_j) \sum_{\substack{k=0 \\ k \neq j}}^{n} \frac{1}{x_j-x_k}\right] l_j^2(x) \tag{2.21}$$

同理，可得

$$\beta_j(x)=(x-x_j) l_j^2(x) \tag{2.22}$$

将式(2.21) 和式(2.22) 代入式(2.20)，便得到 $2n+1$ 次埃尔米特插值多项式

$$H_{2n+1}=\sum_{j=0}^{n} y_j\left[1-2(x-x_j) \sum_{\substack{k=0 \\ k \neq j}}^{n} \frac{1}{x_j-x_k}\right] l_j^2(x)+\sum_{j=0}^{n} m_j(x-x_j) l_j^2(x) \tag{2.23}$$

2.3.3 误差估计

定理2.3 若 $f(x)$ 在 (a, b) 内的 $2n+2$ 阶导数存在，则 $2n+1$ 次埃尔米特插值多项式插值余项 $R(x)=f(x)-H_{2n+1}(x)=\dfrac{f^{(2n+2)}(\varepsilon_x)}{(2n+2)!}\omega_{n+1}^2(x)$，其中 $\varepsilon_x \in (a, b)$ 且与 x 有关，

$$\omega_{n+1}(x)=(x-x_0)(x-x_1)\cdots(x-x_n).$$

(具体证明仿照拉格朗日余项的证明方法，请读者自行完成)

【例2-5】 求二次多项式 $P_2(x)$ 满足 $P_2(x_0)=y_0$，$P_2(x_1)=y_1$，$P_2'(x_0)=y_0'$. 其中 x_0，x_1，y_0，y_1，y_0'为已知常数.

解 设 $P_2(x)=l_0(x)y_0+l_1(x)y_1+L_0(x)y_0'$，根据已知条件有

$$\begin{cases}l_0(x_0)=1\\ l_0(x_1)=0,\\ l_0'(x_0)=0\end{cases}\begin{cases}l_1(x_0)=0\\ l_1(x_1)=1,\\ l_1'(x_0)=0\end{cases}\begin{cases}L_0(x_0)=0\\ L_0(x_1)=0\\ L_0'(x_0)=1\end{cases}$$

于是基函数 $l_0(x)$ 一定含有因子 $(x-x_1)$，基函数 $l_1(x)$ 一定含有因子 $(x-x_0)^2$，基函数 $L_0(x)$ 一定含有因子 $(x-x_0)(x-x_1)$.

设 $l_0(x)=(x-x_1)(ax+b)$，则有

$$\begin{cases}l_0(x_0)=(x_0-x_1)(ax_0+b)=1\\ (ax_0+b)+a(x_0-x_1)=0\end{cases}$$

解得

$$a=-\frac{1}{(x_0-x_1)^2},\ b=\frac{2x_0-x_1}{(x_0-x_1)^2}$$

则有

$$l_0(x)=\frac{(x-x_1)(x+x_1-2x_0)}{-(x_0-x_1)^2}$$

类似地，可求出

$$l_1(x)=\frac{(x-x_0)^2}{(x_1-x_0)^2},\ L_0(x)=\frac{(x-x_0)(x-x_1)}{x_0-x_1}$$

【例2-6】 已知 $f(x)=\sqrt{x}$ 及其一阶导数的数据见表2.6，用埃尔米特插值公式计算 $\sqrt{125}$ 的近似值，并估计其截断误差.

表2.6 $f(x)=\sqrt{x}$ 及其一阶导数

x	121	144
$f(x)$	11	12
$f'(x)$	1/22	1/24

$$H_3(x)=11\times\left(1+2\cdot\frac{x-121}{144-121}\right)\left(\frac{x-144}{121-144}\right)^2+12\times\left(1+2\cdot\frac{x-144}{121-144}\right)\left(\frac{x-121}{144-121}\right)^2+$$

$$\frac{1}{22}\times(x-121)\times\left(\frac{x-144}{121-144}\right)^2+\frac{1}{24}\times(x-144)\times\left(\frac{x-121}{144-121}\right)^2$$

$\sqrt{125}\approx H_3(125)=11.180\ 35$，

由 $f^{(4)}(x)=-\dfrac{15}{16x^{7/2}}$，可得

$$|R_3(125)|=\frac{15}{384\times16}\times\frac{1}{\xi^3\sqrt{\xi}}\times4^2\times19^2\leqslant\frac{15}{384}\times\frac{19^2}{121^3\times11}\approx0.000\ 012$$

2.3.4 上机程序

```
function yy=hermite2(x,y,dy,xx)
n=length(y); m=length(x);p=length(dy); k=length(xx);
z=zeros(1,k);
for j=1:k
  s=0;
  for t=1:m;
    a=0;b=1;
    for i=1:n;
      if x(t) ~ =x(i)
        a=a+1/(x(t)-x(i));
        b=b* ((xx(j)-x(i))/(x(t)-x(i)));
      end
    end
      s=s+(y(t)* (1-2* (xx(j)-x(t))* a)* b^2+dy(t)* (xx(j)-x(t))* b^2);
  end
  z(j)=s;
end
yy=z;
```

这里，x，y 分别代表插值节点及其函数值，dy 代表在相应节点 x 处的导数值，输出函数在插值点 xx 处的近似值 yy(与 xx 同长度数组)，应用该函数文件时，输入 x，y，dy 后，运行 hermite2(x，y，dy，xx)，就得到插值多项式在 xx 处的近似值 yy.

例如，对于【例 2-6】，输入下列命令：

```
>> x=[121;144];
>> y=[11;12];
>> dy=[1/22;1/24];
>> xx=125;
>> yy=hermite2(x,y,dy,xx)
```

输出结果：

```
yy =11.1803
```

2.3.5 算法评价

埃尔米特插值多项式适用于插值条件不仅含有对节点处的函数的约束，而且还增加在节点处对导数的限制情形.埃尔米特插值具有较高的精度.

§2.4 分段插值

2.4.1 龙格现象

上面我们根据区间$[a, b]$上给出的节点，构造了拉格朗日插值多项式$L_n(x)$，并给出了拉格朗日插值多项式的余项$R_n(x)=\frac{f^{(n+1)}(\xi)}{(n+1)!}\omega_{n+1}(x)$，从余项$R_n(x)$的表达式来看，似乎多项式次数越高，近似效果越好，但实际上并非如此. 我们先看一个例子.

【例 2-7】 给定函数$f(x)=\frac{1}{1+x^2}$，在区间$[-5, 5]$上取等距插值节点

$$x_i=-5+10\cdot\frac{i}{n},\ i=0,1,2,\cdots,n$$

分别构造 5 次和 10 次拉格朗日插值多项式，如图 2.3 所示.

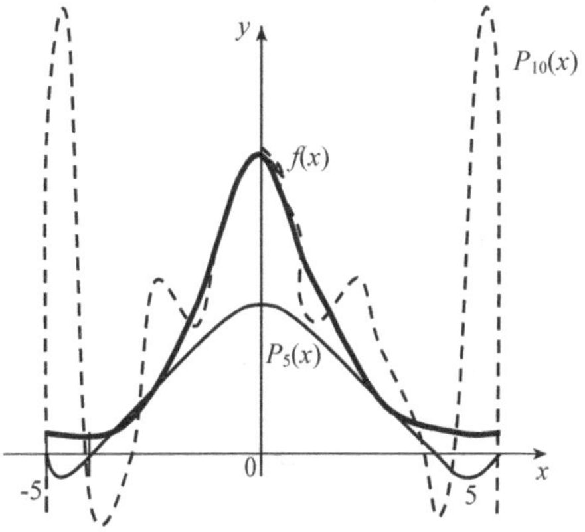

图 2.3 拉格朗日插值多项式的几何图

由图 2.3 可以看出，随着节点的增加，采用高次多项式插值，可以在某些区域较好的逼近原来的函数(如在$[-2, 2]$区间)；但在高次多项式的两端出现了激烈震荡的现象，这就是所谓的龙格(Runge) 现象. 龙格现象表明高次多项式插值的效果并不一定优于低次多项式的

插值效果.

龙格现象产生的原因：在插值的过程中，误差由截断误差和舍入误差组成，$R_n(x)$ 为截断误差. 还有一部分误差由节点 y_i 和计算过程中的舍入误差，这种误差在插值计算过程中可能被扩散或放大，这就是插值的稳定性问题. 高次多项式的稳定性就比较差. 这也从另外一个角度说明了高次插值多项式的缺陷.

2.4.2 分段线性插值及误差估计

在划分的小区间中分别用次数较低的多项式逼近被插函数，称为分段多项式插值. 分段插值可以适当减少插值误差，但是它要么不能保证在分割点的光滑性，要么需要给出分割点的导数值甚至高阶导数值.

本节介绍最简单的分段多项式插值 —— 分段线性插值.

定义 2.3 已知

$$y_i = f(x_i)(i = 0, 1, \cdots, n), a = x_0 < x_1 < \cdots < x_n = b$$

求一个分段函数 $P(x)$，使其满足：

(1) $P(x_i) = y_i, i = 0, 1, \cdots, n$；

(2) 在每个子区间 $[x_i, x_{i+1}]$ 上是线性函数.

称满足上述条件的函数 $P(x)$ 为**分段线性插值函数**.

分段线性插值的几何意义就是通过插值点用折线段 $P(x)$ 连接起来逼近 $f(x)$，如图 2.4 所示.

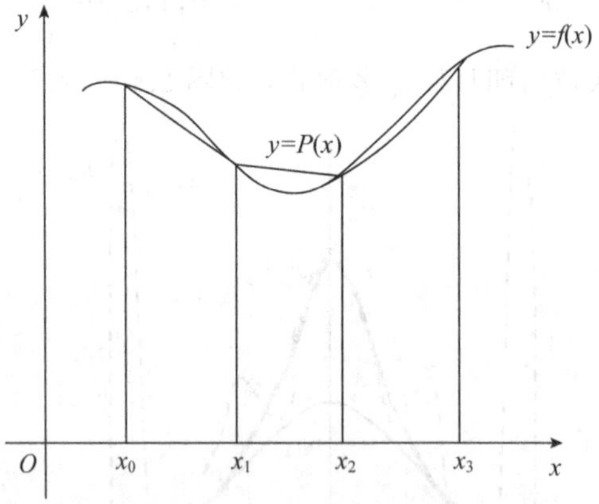

图 2.4 分线段性插值函数

由定义 2.3 可知，$P(x)$ 在每个小区间 $[x_i, x_{i+1}]$ 上可以表示为

$$P(x) = \frac{x - x_{i+1}}{x_i - x_{i+1}} y_i + \frac{x - x_i}{x_{i+1} - x_i} y_{i+1}, \quad x_i \leqslant x \leqslant x_{i+1}, i = 0,1,\cdots,n-1$$

由线性插值的误差即得分段线性插值 $P(x)$ 在区间 $[x_i, x_{i+1}]$ 上的余项估计式为

$$|f(x) - P(x)| = \left| \frac{f''(\xi)}{2!}(x - x_i)(x - x_{i+1}) \right|$$

$$\leqslant \frac{h_i^2}{8} \max_{x_i \leqslant x \leqslant x_{i+1}} |f''(x)|$$

令 $h = \max_i h_i$，$M_2 = \max_{a \leqslant x \leqslant b} |f''(x)|$，则分段线性插值 $P(x)$ 在区间 $[a, b]$ 上的余项估计式是

$$\max_{a \leqslant x \leqslant b} |f(x) - P(x)| \leqslant \frac{M_2}{8} h^2$$

从截断误差估计式中可以看出，当区间分割加密，$h \to 0$ 时，分段线性插值 $P(x)$ 收敛于 $f(x)$. 对【例 2-7】采用分段线性插值，近似效果如图 2.5 所示.

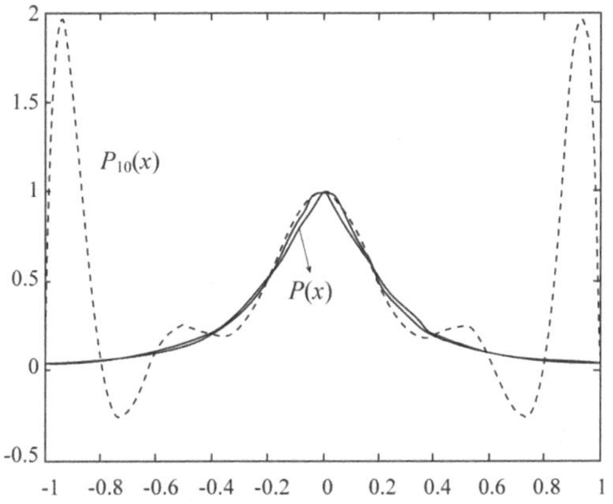

图 2.5　函数近似效果图

显然，分段线性插值函数 $P(x)$ 比 $P_5(x)$ 和 $P_{10}(x)$ 都能更好地逼近原函数 $f(x)$.

【例 2-8】　函数 $f(x) = \dfrac{1}{1+x^2}$，求其在 $[0, 5]$ 上的分段线性插值多项式，插值节点取为 0，1，2，3，4，5.

解　在 $[0,1]$ 上，

$$S(x) = \frac{x-1}{0-1} f(0) + \frac{x-0}{1-0} f(1) = 1 - x + \frac{x}{2} = -\frac{x}{2} + 1$$

在 $[1,2]$ 上，

$$S(x) = \frac{x-2}{1-2} f(1) + \frac{x-1}{2-1} f(2) = -\frac{1}{2}(x-2) + \frac{1}{5}(x-1) = -\frac{3}{10}x + \frac{4}{5}$$

在 $[2,3]$ 上，

$$S(x) = \frac{x-3}{2-3} f(2) + \frac{x-2}{3-2} f(3) = -\frac{1}{5}(x-3) + \frac{1}{10}(x-2) = -\frac{1}{10}x + \frac{2}{5}$$

在 $[3,4]$ 上，

$$S(x) = \frac{x-4}{3-4} f(3) + \frac{x-3}{4-3} f(4) = -\frac{1}{10}(x-4) + \frac{1}{17}(x-3) = -\frac{7}{170}x + \frac{19}{85}$$

在 $[4,5]$ 上，

$$S(x)=\frac{x-5}{4-5}f(4)+\frac{x-4}{5-4}f(5)=-\frac{1}{17}(x-5)+\frac{1}{26}(x-4)=-\frac{9}{442}x+\frac{31}{221}$$

将这些分段线性函数拼接在一起，得：

$$S(x)=-\frac{x}{2}+1\ x\in[0,1],$$

$$S(x)=-\frac{3}{10}x+\frac{4}{5},\ x\in[1,2],$$

$$S(x)=-\frac{1}{10}x+\frac{2}{5},\ x\in[2,3],$$

$$S(x)=-\frac{7}{170}x+\frac{19}{85},\ x\in[3,4],$$

$$S(x)=-\frac{9}{442}x+\frac{31}{221},\ x\in[4,5].$$

2.4.3 上机程序

```
yy = mpiecel(x,y,xx)
n = length(x)
for j = 1:length(xx)
  for i = 2:n
    if xx(j) < x(i)
      yy(j) = y(i-1)* (xx(j)-x(i))/(x(i-1)-x(i)) +y(i)* (xx(j)-x(i-1))/(x(i)-x(i-1));
    break;
    end
  end
end
```

2.4.4 算法评价

分段线性插值算法简单，只要区间充分小，就能保证它的误差要求. 它的显著优点是它的局部性质，如果修改了某节点的值，仅在相邻的两个区间端点受到影响. 但是，分段线性插值函数在插值节点处不光滑.

§2.5 样条插值

分段低次多项式逼近有很多优点，但整体光滑性较差. 在实际应用中，往往对逼近函数有整体的光滑性要求，例如，在制造船体和汽车外形等工艺中，基本要求是外形曲线应该具有连续的曲率，即要求逼近函数具有连续的二阶导数. 不使用整体高次多项式作为逼近函数，又要满足一定的整体光滑性要求，问题如何解决？使用样条函数.

早期工程师制图时，把富有弹性的细长木条(所谓样条)用压铁固定在样点上，在其他地方让它自由弯曲，然后沿木条画下曲线. 这曲线表示一条插值曲线，我们称之为样条函数. 从数学上看，这一条近似于分段的三次多项式，在节点处具有一阶和二阶连续微商. 样条函数的主要优点为光滑程度较高，保证了插值函数二阶导数的连续性. 下面，我们讨论最常用的三次样条函数.

定义 2.4　设已知 $x_0 < x_1 < \cdots < x_n$ 及 $y_i = f(x_i)(i=0, 1, \cdots, n)$，称插值函数 $S(x)$ 为**三次样条插值函数**，如果 $S(x)$ 满足下列条件：

(1) $S(x_i) = y_i(i=0, 1, \cdots, n)$；　(2.24)

(2) 在每个小区间 $[x_i, x_{i+1}](i=0, 1, \cdots, n-1)$ 上是次数不超过 3 的多项式；

(3) 在每个内节点 $x_i(i=1, 2, \cdots, n-1)$ 上具有二阶连续导数，即

$$\begin{cases} S(x_i-0) = S(x_i+0) \\ S'(x_i-0) = S'(x_i+0), \ i=1, 2, \cdots, n-1 \\ S''(x_i-0) = S''(x_i+0) \end{cases} \tag{2.25}$$

下面我们来分析满足上述定义的三次样条函数的存在性. $S(x)$ 在每个小区间 $[x_i, x_{i+1}]$ 上是一个次数不超过 3 的多项式，因此需确定 4 个待定常数，一共有 n 个小区间，故应确定 $4n$ 个系数，再由 $S(x)$ 在 $n-1$ 个内节点上具有二阶连续导数，即满足条件(2.25)，又得到 $3n-3$ 个连续条件，再加上 $S(x)$ 满足的插值条件 $n+1$ 个，共计 $4n-2$ 个，因此还需要 2 个条件才能确定 $S(x)$，通常补充 2 个边界条件. 常见的边界条件有以下三种：

(1) 已知两端点的一阶导数值，即

$$S'(x_0) = m_0, \ S'(x_n) = m_n$$

(2) 已知两端点的二阶导数值，即

$$S''(x_0) = M_0, \ S''(x_n) = M_n$$

(3) 当 $f(x)$ 是以 $x_n - x_0$ 为周期的周期函数时，则要求 $S(x)$ 也是周期函数. 这时边界条件应满足 $S(x_0+0) = S(x_n-0)$，$S'(x_0+0) = S'(x_n-0)$，$S''(x_0+0) = S''(x_n-0)$，而此时(2.24) 中 $y_0 = y_n$. 这样确定的样条插值函数 $S(x)$，称为周期样条插值函数.

2.5.1　三次样条插值的 *M* 关系式(三弯矩方程)

三次样条插值函数 $S(x)$ 可以有多种表示方法. 设 $S''(x_i) = M_i(i=0, 1, \cdots, n)$，本节我们利用节点处的二阶导数 M_i 为参数，通过确定 M_i 来求 $S(x)$. 由于 M_i 在力学上解释为细梁在 x_i 处的弯矩，并且得到的弯矩与相邻两个弯矩有关，故称三弯矩方程.

由于 $S(x)$ 在每个小区间 $[x_i, x_{i+1}]$ 上是三次多项式，所以 $S''(x)$ 在每个小区间上的函数为线性函数，设其表达式为

$$S''(x)=M_i\frac{x-x_{i+1}}{x_i-x_{i+1}}+M_{i+1}\frac{x-x_i}{x_{i+1}-x_i},\ i=0,1,2,\cdots,n-1 \tag{2.26}$$

此即线性的拉格朗日插值多项式. 若记

$$h_{i+1}=x_{i+1}-x_i,\ i=0,1,2,\cdots,n-1$$

则式(2.26) 还可以改写成

$$S''(x)=M_i\frac{x_{i+1}-x}{h_{i+1}}+M_{i+1}\frac{x-x_i}{h_{i+1}},\ x\in[x_i,x_{i+1}],\ i=0,1,2,\cdots,n-1$$

对 $S''(x)$ 积分一次，得 $S'(x)$ 子区间$[x_i, x_{i+1}](i=0, 1, 2, \cdots, n-1)$ 上为

$$S'(x)=-M_i\frac{(x_{i+1}-x)^2}{2h_{i+1}}+M_{i+1}\frac{(x-x_i)^2}{2h_{i+1}}+A_i \tag{2.27}$$

其中 A_i 为积分常数. 将式(2.27) 两端再积分一次，则 $S(x)$ 限制在子区间$[x_i, x_{i+1}](i=0, 1, 2, \cdots, n-1)$ 上，即为

$$S(x)=M_i\frac{(x_{i+1}-x)^3}{6h_{i+1}}+M_{i+1}\frac{(x-x_i)^3}{6h_{i+1}}+A_i(x-x_i)+B_i \tag{2.28}$$

利用 $S(x_i)=y_i$ 和 $S(x_{i+1})=y_{i+1}$ 定出积分常数得

$$B_i=y_i-M_i\frac{h_{i+1}^2}{6} \tag{2.29}$$

$$A_i=\frac{y_{i+1}-y_i}{h_{i+1}}-\frac{h_{i+1}}{6}(M_{i+1}-M_i) \tag{2.30}$$

下面求(2.27) 中参数$\{M_i\}_{i=0}^{n}$，由(2.24) 和(2.27)，则有

$$S(x_i-0)=\frac{y_i-y_{i-1}}{h_i}+\frac{h_i}{3}M_i+\frac{h_i}{6}M_{i-1}$$

$$S(x_i+0)=\frac{y_{i+1}-y_i}{h_{i+1}}-\frac{h_{i+1}}{3}M_i-\frac{h_{i+1}}{6}M_{i+1}$$

由此，得到关于$\{M_i\}_{i=0}^{n}$ 的方程组，即

$$\frac{h_i}{6}M_{i-1}+\frac{h_i+h_{i+1}}{3}M_i+\frac{h_{i+1}}{6}M_{i+1}=\frac{y_{i+1}-y_i}{h_{i+1}}-\frac{y_i-y_{i-1}}{h_i},\ i=1,2,\cdots,n-1 \tag{2.31}$$

由前面的三类边界条件中的任何一类条件，均可以给出两个条件. 以最简单的第二类边界条件为例，若有

$$S''(x_0)=M_0=0,\ S''(x_n)=M_n=0$$

记$(M_1, M_2, \cdots, M_{n-1})^{\mathrm{T}}=\boldsymbol{x}$，它满足

$$\boldsymbol{Ax}=\boldsymbol{b} \tag{2.32}$$

其中

$$\boldsymbol{A}=\begin{pmatrix}\frac{h_1+h_2}{3} & \frac{h_2}{6} & & \\ \frac{h_2}{6} & \frac{h_2+h_3}{3} & \ddots & \\ & \ddots & \ddots & \frac{h_{n-1}}{6} \\ & & \frac{h_{n-1}}{6} & \frac{h_{n-1}+h_n}{3}\end{pmatrix} \tag{2.33}$$

$$\boldsymbol{b}=(b_1, b_2, \cdots, b_{n-1})^{\mathrm{T}} \in \mathbf{R}^{n-1}, b_i=\frac{y_{i+1}-y_i}{h_{i+1}}-\frac{y_i-y_{i-1}}{h_i}, i=1, 2, \cdots, n-1$$

可以看出,方程组(2.32)和(2.33)系数矩阵都是严格对角占优的,因此解存在唯一.

【例 2-9】 给出离散数值表 2.7,取 $M_0=M_n=0$,构造三次样条插值函数的三弯矩方程,并计算 $f(1.25)$.

表 2.7 离散数值表

x_i	1.1	1.2	1.4	1.5
y_i	0.4	0.8	1.65	1.8

解 由 $M_0=M_n=0$ 的边界条件,利用方程组(2.32)和(2.33)

解得 $M_1=13.125$,$M_2=-31.875$.

因此,三次样条插值的分段表达式为

$$S(x)=\begin{cases}21.875x^3-72.1875x^2+83.1875x-32.875, & x\in[1.1, 1.2]\\ -37.5x^3+141.5625x^2-173.75x+59.725, & x\in[1.2, 1.4]\\ 53.125x^3-239.0625x^2+358.0625x-179.05, & x\in[1.4, 1.5]\end{cases}$$

特别地,$f(1.25)\approx S(1.25)=1.0436$.

2.5.2 三次样条函数的 m 关系式(三转角方程)

下面构造一阶导数 $S'(x_i)=m_i(i=0,1,\cdots,n)$ 表示的三次样条函数,m_i 在力学上解释为细梁在 x_i 截面处的转角,并且得到的转角与相邻两个转角有关,故称用 m_i 表示 $S(x)$ 的算法为三转角算法. 用分段埃尔米特插值,得到 $S(x)$ 在$[x_{i-1}, x_i]$上 $S(x)$ 的表达式为

$$S(x)=\left[1+2\frac{(x-x_{i-1})}{h_{i-1}}\right]\left(\frac{x-x_i}{h_{i-1}}\right)^2 y_{i-1}+\left[1-2\frac{(x-x_i)}{h_{i-1}}\right]\left(\frac{x-x_{i-1}}{h_{i-1}}\right)^2 y_i+$$
$$(x-x_{i-1})\left(\frac{x-x_i}{h_{i-1}}\right)^2 m_{i-1}+(x-x_i)\left(\frac{x-x_{i-1}}{h_{i-1}}\right)^2 m_i$$

可以计算其二阶导数为

$$S''(x)=\left[\frac{2}{h_{i-1}}-\frac{6}{h_{i-1}^2}(x_i-x)\right]m_{i-1}-\left[\frac{2}{h_{i-1}}-\frac{6}{h_{i-1}^2}(x-x_{i-1})\right]m_i+$$

$$\left[\frac{6}{h_{i-1}^2}-\frac{12}{h_{i-1}^3}(x_i-x)\right]y_{i-1}+\left[\frac{6}{h_{i-1}^2}-\frac{12}{h_{i-1}^3}(x-x_{i-1})\right]y_i$$

所以

$$S''(x_i-0)=\frac{6}{h_{i-1}^2}y_{i-1}-\frac{6}{h_{i-1}^2}y_i+\frac{2}{h_{i-1}}m_{i-1}+\frac{4}{h_{i-1}}m_i$$

$$S''(x_i+0)=-\frac{6}{h_i^2}y_i+\frac{6}{h_i^2}y_{i+1}-\frac{4}{h_i}m_i-\frac{2}{h_i}m_{i+1}$$

由 $S(x)$ 二阶连续可微，即

$$S''(x_i-0)=S''(x_i+0)$$

得到

$$\mu_i m_{i-1}+2m_i+\lambda_i m_{i+1}=g_i,\ i=1,\ 2,\ \cdots,\ n-1$$

其中

$$\lambda_i=\frac{h_{i-1}}{h_{i-1}+h_i},\ \mu_i=1-\lambda_i=\frac{h_i}{h_{i-1}+h_i}$$

$$g_i=3(\mu_i f[x_{i-1},\ x_i]+\lambda_i f[x_i,\ x_{i+1}])$$

考虑下面两种边界条件：

(1) $f'(x_0)=m_0$，$f'(x_n)=m_n$，则方程组化为

$$\begin{bmatrix}2 & \lambda_1 & & & \\ \mu_2 & 2 & \lambda_2 & & \\ & \ddots & \ddots & \ddots & \\ & & \mu_{n-2} & 2 & \lambda_{n-2} \\ & & & \mu_{n-1} & 2\end{bmatrix}\begin{bmatrix}m_1\\ m_2\\ \vdots\\ m_{n-2}\\ m_{n-1}\end{bmatrix}=\begin{bmatrix}g_1-\mu_1 m_0\\ g_2\\ \vdots\\ g_{n-2}\\ g_{n-1}-\lambda_{n-1}m_n\end{bmatrix}$$

(2) $S''(x_0)=S''(x_n)=0$.

由 $S''(x_0)=0$ 得，$2m_0+m_1=3f[x_0,\ x_1]$；

由 $S''(x_n)=0$ 得，$m_{n-1}+2m_n=3f[x_{n-1},\ x_n]$.

于是有

$$2m_0+m_1=3f[x_0,\ x_1]\triangleq g_0$$

$$\mu_i m_{i-1}+2m_i+\lambda_i m_{i+1}=g_i,\ i=1,\ 2,\ \cdots,\ n-1$$

$$m_{n-1}+2m_n=3f[x_{n-1},\ x_n]\triangleq g_n$$

矩阵形式为

$$\begin{bmatrix}2 & 1 & & & \\ \mu_1 & 2 & \lambda_1 & & \\ & \ddots & \ddots & \ddots & \\ & & \mu_{n-1} & 2 & \lambda_{n-1} \\ & & & 1 & 2\end{bmatrix}\begin{bmatrix}m_0\\ m_1\\ \vdots\\ m_{n-1}\\ m_n\end{bmatrix}=\begin{bmatrix}g_0\\ g_1\\ \vdots\\ g_{n-1}\\ g_n\end{bmatrix}$$

2.5.3 样条插值函数误差估计式

设 $f(x)$ 在 $[a, b]$ 上有直到四阶的连续导数，则三弯矩和三转角样条插值函数以及导数的误差有如下估计式

$$\max_{a\leqslant x\leqslant b}|f(x)-S(x)|\leqslant\frac{5}{384}h^4\max_{a\leqslant x\leqslant b}|f^{(4)}(x)|$$

$$\max_{a\leqslant x\leqslant b}|f'(x)-S'(x)|\leqslant\frac{1}{24}h^3\max_{a\leqslant x\leqslant b}|f^{(4)}(x)|$$

$$\max_{a\leqslant x\leqslant b}|f''(x)-S''(x)|\leqslant\frac{3}{8}h^2\max_{a\leqslant x\leqslant b}|f^{(4)}(x)|$$

$$(h=\max_{0\leqslant i\leqslant n-1}\{h_i\})$$

§2.6 曲线拟合的最小二乘法

在实际应用中，经常遇到下列数据处理问题：已知函数 $f(x)$ 在 m 个点上的数据表，寻求其近似函数. 若数据准确，m 较小，可构造多项式插值函数 $\varphi(x)$ 逼近客观存在的函数 $y=f(x)$，让 $\varphi(x)$ 经过所有数据点. 若数据存在误差，m 较大，则不要求 $\varphi(x)$ 经过所有的数据点 (x_i, y_i)，只要求在给定点 x_i 上误差 $\delta_i=\varphi(x_i)-y_i(i=1, \cdots, m)$ 按某种标准最小. 通常用欧式范数 $\|\delta\|_2$ 作为误差度量的标准，这里 $\delta=(\delta_i,\cdots,\delta_m)^{\mathrm{T}}$.

2.6.1 最小二乘法

关于最小二乘法的一般提法是：对给定的一组数据 $\{(x_i, y_i)\}_{i=1}^{m}$，要求在函数类 $\varphi=\{\varphi_0, \varphi_1, \cdots,\varphi_n\}$ 中找一个函数 $y=F^*(x)$，使误差平方和

$$\|\delta\|_2^2=\sum_{i=0}^{m}\delta_i^2=\sum_{i=0}^{m}[F^*(x_i)-y_i]^2=\min_{F(x)\in\varphi}\sum_{i=0}^{m}[F(x_i)-y_i]^2 \tag{2.34}$$

这里，$F(x)=a_0\varphi_0(x)+a_1\varphi_1(x)+a_2\varphi_2(x)+\cdots+a_n\varphi_n(x)(n<m)$.

这就是一般的最小二乘逼近，用几何语言说，就称为曲线拟合的最小二乘法.

为了使得误差平方和 $\|\delta\|_2^2$ 取得最小，我们设

$$Q(a_0,a_1, a_2, \cdots, a_n)=\sum_{i=1}^{m}[y_i-(a_0\varphi_0(x)+a_1\varphi_1(x)+a_2\varphi_2(x)+\cdots+a_n\varphi_n(x))]^2 \tag{2.35}$$

它是关于待定系数 $a_0, a_1, \cdots, a_n$ 的多元函数. 要使得 $Q(a_0,a_1, a_2, \cdots, a_n)$ 取最小值，则要求

$$\frac{\partial Q}{\partial a_k}=0,\ k=0,1,\ 2,\ \cdots,n \tag{2.36}$$

经过简单计算，式(2.36) 等价于

$$\sum_{i=1}^{m} y_i\varphi_k(x_i)=a_1\sum_{i=1}^{m}\varphi_k(x_i)\varphi_0(x_i)+a_2\sum_{i=1}^{m}\varphi_k(x_i)\varphi_1(x_i)+\cdots+$$
$$a_n\sum_{i=1}^{m}\varphi_k(x_i)\varphi_n(x_i),\ k=0,1,\ 2,\ \cdots,\ n$$

它是关于$(a_0,\ a_1,\ \cdots,\ a_n)^{\mathrm{T}}=\boldsymbol{a}\in\mathbf{R}^{n+1}$的线性方程组，将它写成矩阵形式

$$\boldsymbol{A}\boldsymbol{a}=\boldsymbol{b} \tag{2.37}$$

则其中

$$\boldsymbol{A}=\begin{pmatrix}\sum_{i=1}^{m}\varphi_0(x_i)\varphi_0(x_i) & \cdots & \sum_{i=1}^{m}\varphi_0(x_i)\varphi_n(x_i)\\ \sum_{i=1}^{m}\varphi_1(x_i)\varphi_0(x_i) & \cdots & \sum_{i=1}^{m}\varphi_1(x_i)\varphi_n(x_i)\\ \vdots & & \vdots\\ \sum_{i=1}^{m}\varphi_n(x_i)\varphi_0(x_i) & \cdots & \sum_{i=1}^{m}\varphi_n(x_i)\varphi_n(x_i)\end{pmatrix} \tag{2.38}$$

$$\boldsymbol{b}=\Big(\sum_{i=1}^{m}y_i\varphi_0(x_i),\ \sum_{i=1}^{m}y_i\varphi_2(x_i),\ \cdots,\ \sum_{i=1}^{m}y_i\varphi_n(x_i)\Big)^{\mathrm{T}} \tag{2.39}$$

我们称式(2.37) ～(2.39) 为法方程组.

2.6.2 多项式拟合

最常见的拟合函数类是多项式，其基函数一般取幂函数

$$\varphi_0(x)=1,\ \varphi_1(x)=x,\ \cdots,\ \varphi_n(x)=x^n$$

这时，法方程组为

$$\begin{pmatrix} m & \sum_{i=1}^{m}x_i & \cdots & \sum_{i=1}^{m}x_i^n\\ \sum_{i=1}^{m}x_i & \sum_{i=1}^{m}x_i^2 & \cdots & \sum_{i=1}^{m}x_i^{n+1}\\ \vdots & \vdots & & \vdots\\ \sum_{i=1}^{m}x_i^n & \sum_{i=1}^{m}x_i^{n+1} & \cdots & \sum_{i=1}^{m}x_i^{2n}\end{pmatrix}\begin{pmatrix}a_0\\ a_1\\ \vdots\\ a_n\end{pmatrix}=\begin{pmatrix}\sum_{i=1}^{m}y_i\\ \sum_{i=1}^{m}y_ix_i\\ \vdots\\ \sum_{i=1}^{m}y_ix_i^n\end{pmatrix} \tag{2.40}$$

【例 2-10】 用二次多项式函数拟合表 2.8 中的数据.

表 2.8 二次多项式函数拟合数据表

x_i	-3	-2	-1	0	1	2	3
y_i	4	2	3	0	-1	-2	-5

解 $m=7$. 经计算有

$$\sum_{i=1}^{7} x_i = 0,\ \sum_{i=1}^{7} x_i^2 = 28,\ \sum_{i=1}^{7} x_i^3 = 0,\ \sum_{i=1}^{7} x_i^4 = 196$$

$$\sum_{i=1}^{7} y_i = 1,\ \sum_{i=1}^{7} x_i y_i = -39,\ \sum_{i=1}^{7} x_i^2 y_i = -7$$

代入法方程组(2.40) 中得

$$\begin{cases} 7a_0 + 0 \cdot a_1 + 28a_2 = 1 \\ 0 \cdot a_0 + 28a_1 + 0 \cdot a_2 = -39 \\ 28a_0 + 0 \cdot a_1 + 196a_2 = -7 \end{cases}$$

解得 $a_0 = 0.666\,67$，$a_1 = -1.392\,86$，$a_2 = -0.130\,95$,所以

$$p(x) = 0.666\,67 - 1.392\,86x - 0.130\,95x^2$$

拟合曲线的均方误差

$$\delta = \sum_{i=1}^{7} \delta_i^2 = \sum_{i=1}^{7} (p(x_i) - y_i)^2 = 3.095\,24.$$

拟合曲线的图形如图 2.6 所示.

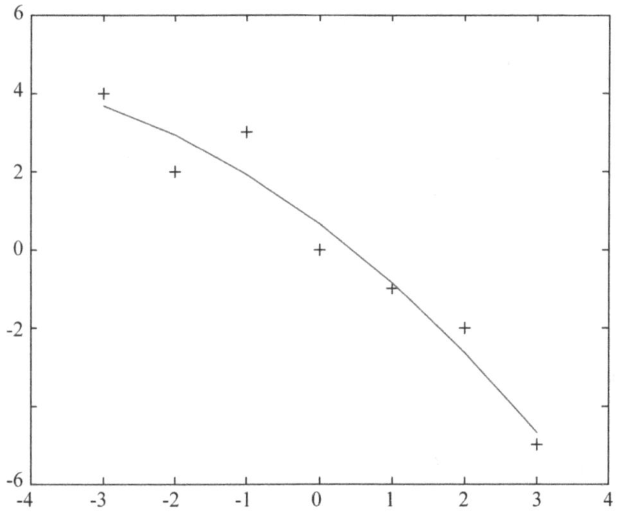

图 2.6 拟合曲线的图形

2.6.3 非线性拟合

已知函数 $f(x)$ 在若干个点上的数据表，确定参数 a 和 b，利用经验函数 $y = a\mathrm{e}^{bx}$ 拟合

表 2.9 的数据：

表 2.9　经验函数拟合数据表

x_i	x_1	x_2	…	x_m
y_i	y_1	y_2	…	y_m

分析：非线性拟合问题转化为线性拟合问题. 线性化处理

$$y=a\mathrm{e}^{bx}\Leftrightarrow \ln y=\ln a+bx$$

令 $\bar{y}=\ln y$，$A=\ln a$，则 $\bar{y}=A+bx$. 我们可以得到 x_i 和 $\bar{y}_i$ 的关系，见表 2.10.

表 2.10　线性化处理关系表

x_i	x_1	x_2	…	x_m
$\bar{y}_i$	$\ln y_1$	$\ln y_2$	…	$\ln y_m$

由线性拟合方法可得到 A 和 b，从而得到 $a=\mathrm{e}^A$ 和 b .

【例 2-11】　求一个经验公式形如 $y=a\mathrm{e}^{bx}$ 的公式,使它能够和下列数据(见表 2.11) 相拟合.

表 2.11　数据表

x_i	1	2	3	4	5	6	7	8
y_i	15.3	20.5	27.4	36.6	49.1	65.6	87.8	117.6

解　线性化.对经验公式取自然对数

$$\ln y=\ln a+bx\ (\text{令 } Z=\ln y, A=\ln a, B=b, \text{则 } Z=A+Bx)$$

可以得到 $\ln y$ 的值,具体数据如表 2.12 所示.

表 2.12　数据表

x_i	1	2	3	4	5	6	7	8
$\ln y_i$	2.72	3.02	3.31	3.60	3.89	4.18	4.47	4.76

列出法方程组

$$\begin{cases} ma+\left(\sum_{i=1}^{m}x_i\right)b=\sum_{i=1}^{m}y_i \\ \left(\sum_{i=1}^{m}x_i\right)a+\left(\sum_{i=1}^{m}x_i^2\right)b=\sum_{i=1}^{m}x_iy_i, \end{cases} \Rightarrow \begin{pmatrix} 8 & 36 \\ 36 & 204 \end{pmatrix}\begin{pmatrix} A \\ B \end{pmatrix}=\begin{pmatrix} 13.0197 \\ 63.9003 \end{pmatrix}$$

解方程组得到

$$\Rightarrow\begin{cases} A=2.4369 \\ B=0.2912 \end{cases}$$

$$\Rightarrow y=\mathrm{e}^A\cdot\mathrm{e}^{Bx}=11.4375\mathrm{e}^{0.2912x}$$

拟合曲线的均方误差为：

$$\sum_{i=1}^{8}\delta_i^2=\sum_{i=1}^{8}(y(x_i)-y_i)^2=0.0262401.$$

拟合曲线的图形如图 2.7 所示.

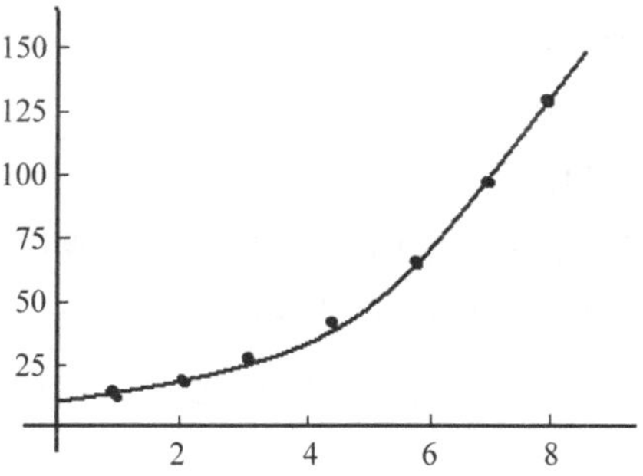

图 2.7 拟合曲线的图形

类似的问题可以在其他类型中的曲线拟合中出现. 其基本思想都是通过变量替换将非线性问题转化为线性拟合问题，例如：

(1) 双曲拟合

$$y=\frac{1}{a+bx}\overset{z=\frac{1}{y}}{\rightleftharpoons}z=a+bx$$

(2) 对数拟合

$$y=a+b\ln x\overset{u=\ln x}{\rightleftharpoons}y=a+bu$$

(3) 幂函数拟合

$$y=ax^b\rightarrow\ln y=b\ln x+\ln a\overset{\substack{z=\ln y\\u=\ln x\\v=\ln a}}{\rightleftharpoons}z=bu+v$$

§ 2.7 数 值 实 验

2.7.1 实验目的

学会 MATLAB 软件中曲线拟合与插值运算的方法.

2.7.2 实验内容与要求

1. 一维插值函数

```
yy= interp1(x,y,xx,'method')
```

这里 yy 表示 xx 处的插值结果，x，y 表示插值节点，xx 表示被插值点.

method 表示插值方法，其中：

'nearest'　最邻近插值；

'linear'　线性插值；

'spline'　三次样条插值；

'cubic'　立方插值；

缺省时　分段线性插值.

注意：所有的插值方法都要求 x 是单调的，并且 xx 不能够超过 x 的范围.

【例 2-12】 从 1 点到 12 点的 11 小时内，每隔 1 小时测量一次温度，测得的温度的数值依次为：5，8，9，15，25，29，31，30，22，25，27，24.试估计每隔 1/10 小时的温度值.

程序如下：

```
hours=1:12;
temps=[5 8 9 15 25 29 31 30 22 25 27 24];
h=1:0.1:12;
t_nearest=interp1(hours,temps,h,'nearest');
t_linear=interp1(hours,temps,h,'linear');
t_cubic=interp1(hours,temps,h,'cubic');
t_spline=interp1(hours,temps,h,'spline');
plot(hours,temps,'+',h,t_nearest,'-')
xlabel('Hour');ylabel('Degrees Celsius')
pause;
plot(hours,temps,'+',h,t_linear,'-')
xlabel('Hour');ylabel('Degrees Celsius');
pause;
plot(hours,temps,'+',h,t_cubic,'-')
xlabel('Hour');ylabel('Degrees Celsius');
pause;
plot(hours,temps,'+',h,t_spline,'-')
xlabel('Hour');ylabel('Degrees Celsius');
```

我们得到如图 2.8、图 2.9、图 2.10 和图 2.11 所示的图形.

观察曲线，最近点插值法得到的插值曲线是粗糙的台阶形，线性插值方法比最近点插值法要平滑许多，三次多项式插值和三次样条插值方法的插值曲线比前两个要平滑，而且后两者曲线质量相近. 原理上，三次样条插值要比三次多项式插值好些，但是当数据较少时，这个优越性是体现不出来的.

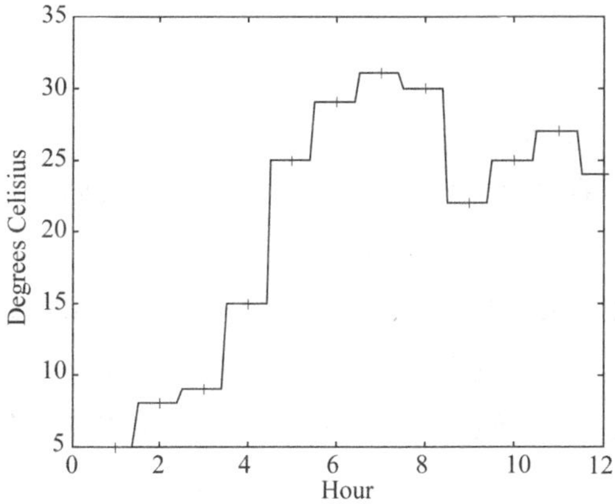

图 2.8 最临近点插值曲线

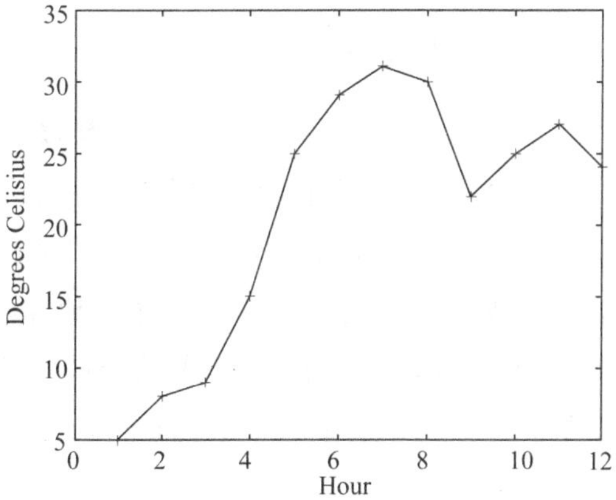

图 2.9 线性插值曲线

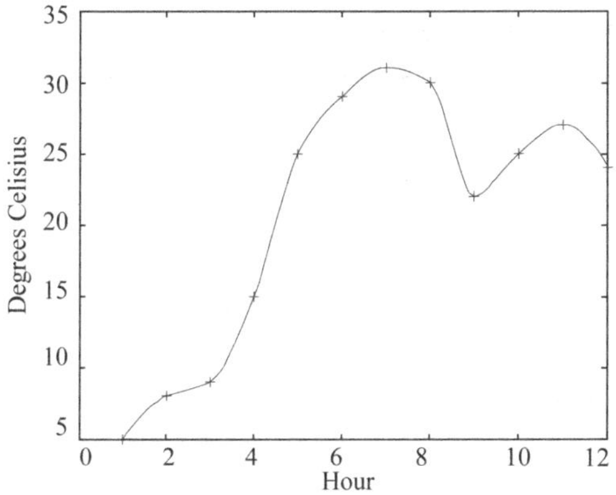

图 2.10 三次多项式插值曲线

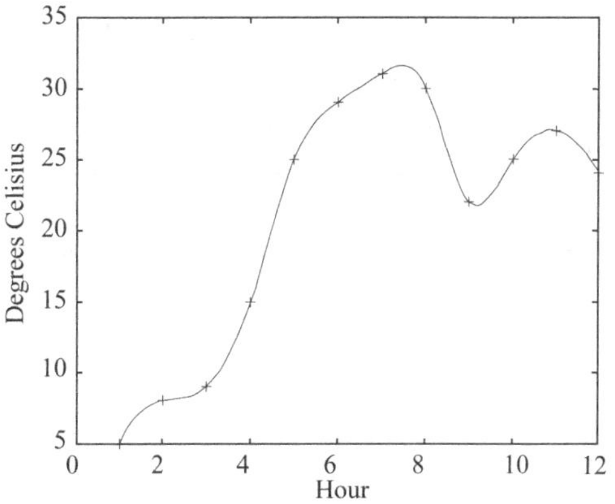

图 2.11 三次样条插值曲线

2. 拟合

作多项式 $f(x)=a_1x^m+a_2x^{m-1}+\cdots+a_{m+1}$ 拟合，可利用 MATLAB 中命令：

```
a = polyfit(x,y, m)
```

这里，m 表示拟合多项式的次数.

例如 2.6 节中的【例 2-10】，输入下列命令：

```
x = -3:1:3;
y = [4 2 3 0 -1 -2 -5];
A = polyfit(x,y,2)
z = polyval(A,x);
plot(x,y,'k+',x,z,'r') % 作出数据点和拟合曲线的图形
```

计算结果：

```
A =    - 0.13095   - 1.39286    - 0.66667
```

2.7.3 实验题目

预报人口的增长

人口的增长是当前世界上引起普遍关注的问题.我们会发现在不同的刊物预报同一时间的人口数字不相同，这显然是由于用了不同的人口模型计算的结果.

我国是世界第一人口大国，基本上地球每九个人中就有一个中国人. 有效地控制我国人口的增长是使我国全国建成小康社会，到 21 世纪中叶建成富强、民主、文明的社会主义现代化国家的需要. 而有效控制人口增长的前提是要认识人口数量的变化规律，建立人口模型，作出较准确的预报.

例如：1949 年 —1994 年我国人口数据资料见表 2.13.

表 2.13　1949 年 —1994 年我国人口数据

年份	1949	1954	1959	1964	1969	1974	1979	1984	1989	1994
人口数(亿)	5.4	6.0	6.7	7.0	8.1	9.1	9.8	10.3	11.3	11.8

建模分析我国人口增长的规律，预报 2025 年我国人口数.

习　题

1. 已知 $\sin x$ 在30°，45°，60° 的值分别为$\frac{1}{2}$，$\frac{\sqrt{2}}{2}$，$\frac{\sqrt{3}}{2}$，分别用一次插值和二次插值求 $\sin 50°$ 的近似值，并估计截断误差.

2. 设 $f(x) \in \mathbf{C}^2[a, b]$ 且 $f(a)=f(b)=0$，求证

$$\max_{a\leqslant x\leqslant b}|f(x)| \leqslant \frac{1}{8}(b-a)^2 \max_{a\leqslant x\leqslant b}|f''(x)|$$

3. 给出概率积分 $f(x)=\frac{2}{\sqrt{\pi}}\int_0^x \mathrm{e}^{-x^2}\,\mathrm{d}x$ 的数据见表 2.14.

表 2.14　数据表

x	0.46	0.47	0.48	0.49
$f(x)$	0.484 6	0.493 7	0.502 7	0.511 6

用二次插值计算：

(1) 当 $x=0.472$ 时，积分值等于多少？

(2) 当 x 为何值时，积分值为 0.5？

4. 证明差商的性质 $f[x_0, x_1, x_2, \cdots, x_k] = \sum_{i=0}^{k} \frac{f(x_i)}{\omega'_{k+1}(x_i)}$，式中 $\omega_{k+1}(x) = (x - x_0)(x - x_1)\cdots(x - x_k)$.

5. 给定 $f(x) = \ln x$ 的数据见表 2.15.

表 2.15　数据表

x_i	2.20	2.40	2.60	2.80	3.00
$f(x_i)$	0.788 46	0.875 47	0.955 51	1.029 62	1.098 61

(1) 构造差商表.

(2) 用二次牛顿差商插值多项式，近似计算 $f(2.65)$ 的值.

(3) 写出四次牛顿差商插值多项式 $N_4(x)$.

6. 在 $-4 \leqslant x \leqslant 4$ 上给出 $f(x) = e^x$ 的等距节点函数表，若用二次插值求 e^x 的近似值，要是截断误差不超过10^{-6}，问使用函数表的步长 h 应取多少？

7. 求一个次数不高于 4 次的多项式 $P(x)$，使它满足

$$P(0) = P'(0) = 0,\ P(1) = P'(1) = 1,\ P(2) = 1$$

8. 求 $f(x) = x^2$ 在$[a, b]$上的分段线性插值函数 $P(x)$，并估计其误差.

9. 求 $f(x) = x^4$ 在$[a, b]$上的分段埃尔米特插值函数，并估计其误差.

10. 给定数据见表 2.16.

表 2.16　数据表

x_i	0.25	0.30	0.39	0.45	0.53
y_i	0.500 0	0.547 7	0.624 5	0.670 8	0.728 0

试求三次样条插值函数 $S(x)$，并满足条件 $S'(0.25) = 1.000\ 0$，$S'(0.53) = 0.686\ 8$.

11. 给出数据如表 2.17 所示，分别用一次、二次多项式函数拟合这些数据，并给出最佳平方误差.

表 2.17　数据表

x_i	−1	−0.5	0	0.25	0.75
y_i	0.2200	0.800	2.000	2.5000	3.8000

12. 给出数据如表 2.18 所示，用最小二乘法求形如 $y = a e^{bx}$ 的经验公式.

表 2.18　数据表

x_i	−0.70	−0.50	0.25	0.75
y_i	0.99	1.21	2.57	4.23
$\ln y_i$	−0.01	0.19	0.94	1.44

第3章　数值积分和数值微分

本章主要讨论如下形式的一元函数积分

$$I=\int_a^b f(x)\mathrm{d}x \tag{3.1}$$

在微积分里，按牛顿-莱布尼兹(Newton-Leibniz)公式求定积分

$$I=\int_a^b f(x)\mathrm{d}x=F(b)-F(a)$$

也就是说，积分值是通过找原函数的办法得到的. 然而，在实际问题中，找一个函数的原函数并非一件容易的事情，许多函数甚至不存在初等函数表示的原函数，例如$\frac{\sin x}{x}$，$\sin x^2$，另外，当 $f(x)$ 没有解析表达式，只有一张数表时，牛顿-莱布尼兹公式也不能直接运用. 因此，我们有必要研究积分的数值计算问题.

依据积分中值定理，对于连续函数 $f(x)$，在$[a,b]$内存在一点 ξ，使得 $f(\xi)=\frac{f(a)+f(b)}{2}$，称 $f(\xi)$ 为区间$[a,b]$的平均高度. 我们可以通过近似计算 $f(\xi)$，来得到积分 I 的近似值.

若简单选取区间端点或中点的函数值作为平均高度，则可得一点求积公式如下.

左矩形公式：$I(f)\approx f(a)(b-a)$；

中矩形公式：$I(f)\approx f\left(\frac{a+b}{2}\right)(b-a)$；

右矩形公式：$I(f)\approx f(b)(b-a)$.

若取 a，b 两点，并令 $f(\xi)=\frac{f(a)+f(b)}{2}$，则可得梯形公式

$$I(f)\approx\frac{f(a)+f(b)}{2}(b-a)$$

一般地，取区间$[a,b]$内 $n+1$ 个点$\{x_i\}$ $(i=0,1,2,\cdots,n)$，用 $f(x_i)$ 加权平均的方法近似地得出平均高度 $f(\xi)$，这样构造出的积分公式具有下列形式

$$\int_a^b f(x)\mathrm{d}x\approx\sum_{i=0}^{n}\alpha_i f(x_i) \tag{3.2}$$

式(3.2)中，α_i 称为求积系数，x_i 称为求积节点，这样构造的求积公式成功避开了牛顿-莱布尼兹公式中寻找原函数的困难，将积分求值问题转化成函数值的计算. 显然，构造成确定一个求积公式，要讨论以下问题：

(1) 确定求积系数 α_i 和求积节点 x_i.

(2) 求积公式的误差估计.

§3.1 插值型求积公式

3.1.1 插值型求积公式的构造

定义 3.1 在积分区间$[a, b]$上，设给定一组节点 $a \leqslant x_0 < x_1 < x_2 < \cdots < x_n \leqslant b$，且已知函数 $f(x)$ 在这些节点上的值. 作拉格朗日插值多项式 $L_n(x)$，用

$$I_n = \int_a^b L_n(x)\mathrm{d}x \tag{3.3}$$

近似计算

$$I = \int_a^b f(x)\mathrm{d}x \tag{3.4}$$

这样建立的求积公式称为**插值型求积公式.**

下面我们讨论插值型求积公式所具备的特征. 将拉格朗日插值多项式 $L_n(x)$ 的表达式代入(3.3) 中，有

$$\begin{aligned}\int_a^b f(x)\mathrm{d}x &\approx \int_a^b L_n(x)\mathrm{d}x = \int_a^b \sum_{i=0}^n l_i(x) f(x_i)\mathrm{d}x \\ &= \sum_{i=0}^n \left[\int_a^b l_i(x)\mathrm{d}x\right] f(x_i)\end{aligned}$$

记 $\alpha_i = \int_a^b l_i(x)\mathrm{d}x$，则有

$$I_n(f) = \sum_{i=0}^n \alpha_i f(x_i)$$

这里，α_i 称为求积系数，而 x_i 称为求积节点.

3.1.2 求积余项和代数精度

我们称积分的精确值 I 与近似值 I_n 之差 $I - I_n$ 为求积公式的余项，也叫作截断误差. 由插值余项公式可知，求积余项

$$\begin{aligned}E_n[f] = I - I_n &= \int_a^b f(x)\mathrm{d}x - \sum_{i=0}^n \alpha_i f(x_i) \\ &= \int_a^b [f(x) - L_n(x)]\mathrm{d}x = \int_a^b \frac{f^{(n+1)}(\xi_x)}{(n+1)!} \prod_{i=0}^n (x - x_i)\mathrm{d}x\end{aligned} \tag{3.5}$$

除了上述插值型求积公式外，还有其他许多种类型的求积公式. 为了判别各种求积公式

的优劣，我们引入代数精度的概念.

定义 3.2 称求积公式 $I_n(f)=\sum_{i=0}^{n}\alpha_i f(x_i)$ 具有 m 次**代数精度**，如果它满足如下两个条件：

(1) 对所有次数 $\leqslant m$ 次的多项式 $P_m(x)$，有

$$E_n(P_m)=I(P_m)-I_n(P_m)=0$$

(2) 存在 $m+1$ 次多项式 $P_{m+1}(x)$，使得

$$E_n(P_{m+1})=I(P_{m+1})-I_n(P_{m+1})\neq 0$$

可以证明，定义 3.2 中的两个条件等价于：

(1) $E_n(x^k)=I(x^k)-I_n(x^k)=0$，$(0\leqslant k\leqslant m)$；

(2) $E_n(x^{m+1})\neq 0$.

利用代数精度的概念，我们得到下面的定理.

定理 3.1 形如式(3.2)的求积公式是插值型求积公式的充要条件为它的代数精度至少为 n.

证明 必要性. 若求积公式(3.2)是插值型求积公式，按照式(3.5)，对于次数 $\leqslant n$ 的多项式 $f(x)$，其余项 $E_n(f)=0$，因而这时求积公式(3.2)至少有 n 次代数精度.

充分性. 若求积公式(3.2)至少有 n 次代数精度，则式(3.2)对于插值基函数 $l_k(x)$ 精确成立，即

$$\int_a^b l_k(x)\mathrm{d}x=\sum_{i=0}^{n}\alpha_i l_k(x_i) \tag{3.6}$$

注意到 $l_k(x_i)=\delta_{ki}$，式(3.6)右端实际上等于 α_k，即 $\alpha_k=\int_a^b l_k(x)\mathrm{d}x$，因而式(3.2)是插值型求积公式.

推论 3.1 求积系数满足 $\sum_{i=0}^{n}a_i=b-a$.(可用此推论检验计算求积系数的正确性).

【例 3-1】 建立[0，2]上节点为 $x_0=0$，$x_1=0.5$，$x_2=2$ 的数值积分公式.

解 由 $\alpha_i=\int_a^b l_i(x)\mathrm{d}x$ 得

$$a_0=\int_0^2 l_0(x)\mathrm{d}x=\int_0^2\frac{(x-0.5)(x-2)}{(0-0.5)\times(0-2)}\mathrm{d}x=-\frac{1}{3}$$

$$a_1=\int_0^2 l_1(x)\mathrm{d}x=\int_0^2\frac{(x-0)(x-2)}{(0.5-0)\times(0.5-2)}\mathrm{d}x=\frac{16}{9}$$

$$a_2=\int_0^2 l_2(x)\mathrm{d}x=\int_0^2\frac{(x-0)(x-0.5)}{(2-0)\times(2-0.5)}\mathrm{d}x=\frac{5}{9}$$

我们得到以下数值积分公式

$$I_2(f)=\frac{1}{9}[-3f(0)+16f(0.5)+5f(2)]$$

§3.2 牛顿-柯特斯积分

把积分区间$[a, b]$分成n等分，记步长为$h=\frac{b-a}{n}$，取等分点$x_i=a+ih$，$i=0, 1, \cdots, n$作为数值积分节点，构造拉格朗日插值多项式$L_n(x)$，取

$$\int_a^b f(x)\mathrm{d}x \approx \int_a^b L_n(x)\mathrm{d}x$$

由此得到的数值积分称为牛顿-柯特斯(Newton-Cotes)积分. 下面可以看到，牛顿-柯特斯积分系数和积分节点以及积分区间无直接关系，系数固定而易于计算.

3.2.1 梯形积分

以$(a, f(a))$和$(b, f(b))$为插值节点构造线性函数$L_1(x)$，有

$$\int_a^b f(x)\mathrm{d}x \approx \int_a^b L_1(x)\mathrm{d}x$$

那么

$$\int_a^b L_1(x)\mathrm{d}x = \int_a^b l_0(x)f(x_0)+l_1(x)f(x_1)\mathrm{d}x$$

$$a_0=\int_a^b l_0(x)\mathrm{d}x=\int_a^b \frac{x-b}{a-b}\mathrm{d}x=\frac{1}{2}(b-a) \triangleq (b-a)C_0^{(1)}$$

$$a_1=\int_a^b l_1(x)\mathrm{d}x=\int_a^b \frac{x-a}{b-a}\mathrm{d}x=\frac{1}{2}(b-a) \triangleq (b-a)C_1^{(1)}$$

提取公因子$(b-a)$后，得到牛顿-柯特斯积分的组合系数：$C_0^{(1)}=\frac{1}{2}$，$C_1^{(1)}=\frac{1}{2}$，它们已与积分区间没有任何关系了. 于是

$$\int_a^b f(x)\mathrm{d}x \approx \frac{b-a}{2}[f(a)+f(b)]$$

记

$$T(f)=\frac{b-a}{2}[f(a)+f(b)] \tag{3.7}$$

我们称$T(f)$为梯形积分公式. 它的几何意义是用过两点$(a,f(a))$,$(b,f(b))$的梯形面积近似代替曲边梯形的面积. 可以证明，梯形公式对于次数不超过一次的多项式准确成立，$T(f)$具有一阶代数精度。

下面我们来计算梯形积分公式的截断误差. 由

$$f(x)=L_1(x)+\frac{f''(\xi)}{2!}(x-a)(x-b), a\leqslant\xi\leqslant b$$

得

$$E_1(f)=\int_a^b \frac{f''(\xi)}{2!}(x-a)(x-b)\mathrm{d}x$$

因为$(x-a)(x-b)$在$[a,b]$上不变号，由积分中值定理得到梯形求积公式的截断误差

$$\begin{aligned}E_1(f)&=\int_a^b \frac{f''(\xi)}{2!}(x-a)(x-b)\mathrm{d}x\\&=\frac{f''(\eta)}{2!}\int_a^b (x-a)(x-b)\mathrm{d}x\\&=-\frac{f''(\eta)}{12}(b-a)^3,\ a\leqslant\eta\leqslant b\end{aligned}$$

3.2.2 辛普森积分

对区间$[a,b]$作二等分，记$x_0=a$，$x_1=\dfrac{a+b}{2}$，$x_2=b$. 以$(a,f(a))$，$\left(\dfrac{a+b}{2},f\left(\dfrac{a+b}{2}\right)\right)$和$(b,f(b))$为插值节点构造二次插值函数$L_2(x)$，那么有

$$\int_a^b L_2(x)\mathrm{d}x=\int_a^b l_0(x)f(x_0)+l_1(x)f(x_1)+l_2(x)f(x_2)\mathrm{d}x$$

$$a_0=\int_a^b l_0(x)\mathrm{d}x=\frac{1}{6}(b-a)=(b-a)C_0^{(2)}$$

$$a_1=\int_a^b l_1(x)\mathrm{d}x=\frac{4}{6}(b-a)=(b-a)C_1^{(2)}$$

$$a_2=\int_a^b l_2(x)\mathrm{d}x=\frac{1}{6}(b-a)=(b-a)C_2^{(2)}$$

计算得到积分组合系数：$C_0^{(2)}=\dfrac{1}{6}$，$C_1^{(2)}=\dfrac{2}{3}$，$C_2^{(2)}=\dfrac{1}{6}$.

记

$$S(f)=\frac{b-a}{6}\left[f(a)+4f\left(\frac{a+b}{2}\right)+f(b)\right] \tag{3.8}$$

称$S(f)$为辛普森(Simpson)或抛物线积分公式. 它的几何意义是用过三点的抛物线面积近似代替积分的曲边面积(见图 3.1). 可以证明，辛普森公式对于次数不超过三次的多项式准确成立，S(f) 具有三阶代数精度.

类似地，我们可以计算辛普森求积公式的截断误差为

$$\begin{aligned}E_2(f)&=I(f)-I(P_3)\\&=\int_a^b \frac{f^{(4)}(\zeta)(x-a)\left(x-\frac{a+b}{2}\right)^2(x-b)}{4!}\mathrm{d}x\end{aligned}$$

$$
=\frac{f^{(4)}(\eta)}{4!}\int_a^b (x-a)\left(x-\frac{a+b}{2}\right)^2 (x-b)\mathrm{d}x
$$

$$
=-\frac{(b-a)^5}{2\,880}f^{(4)}(\eta),\ a\leqslant \eta\leqslant b \tag{3.9}
$$

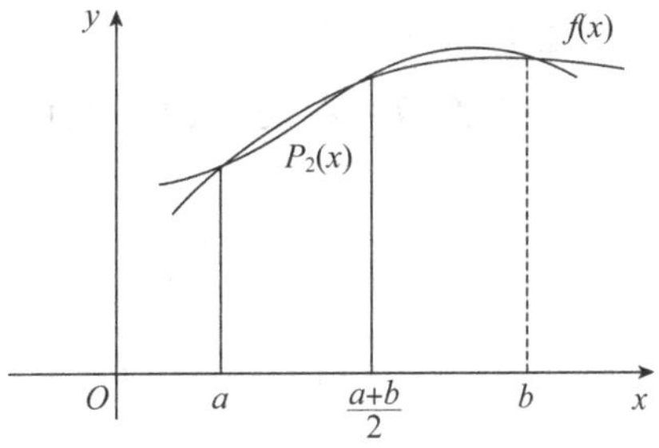

图 3.1　抛物线积分面积

3.2.3　牛顿-柯特斯积分公式

1. 牛顿-柯特斯系数

下面考虑一般情形.n 等分区间$[a,b]$，取等分点为积分节点，$x_i=a+ih$，$i=0,1,\cdots,n$，其中 $h=\dfrac{b-a}{n}$. 以$(x_i,f(x_i))$，$i=0,1,2,\cdots,n$ 为插值节点构造插值函数 $L_n(x)$.

$$
\begin{aligned}
\int_a^b L_n(x)\mathrm{d}x &= \int_a^b \Big(\sum_{i=0}^n l_i(x)f(x_i)\Big)\mathrm{d}x \\
&= \sum_{i=0}^n \left(\int_a^b l_i(x)\mathrm{d}x\right) f(x_i) \\
&= \sum_{i=0}^n a_i f(x_i)
\end{aligned}
$$

其中

$$
\begin{aligned}
a_i &= \int_a^b l_i(x)\mathrm{d}x \\
&= \int_a^b \frac{(x-x_0)(x-x_1)\cdots(x-x_{i-1})(x-x_{i+1})\cdots(x-x_n)}{(x_i-x_0)(x_i-x_1)\cdots(x_i-x_{i-1})(x_i-x_{i+1})\cdots(x_i-x_n)}\mathrm{d}x
\end{aligned}
$$

令 $x=a+th$，$x_i=a+ih$，代入上式得

$$
\begin{aligned}
a_i &= \int_0^n \frac{t(t-1)\cdots(t-i+1)(t-i-1)\cdots(t-n)}{i!\ (n-i)!\ (-1)^{n-i}} h\,\mathrm{d}t \\
&= \frac{(b-a)}{n}\frac{(-1)^{n-i}}{i!\ (n-i)!}\int_0^n t(t-1)\cdots(t-i+1)(t-i-1)\cdots(t-n)\mathrm{d}t \\
&= (b-a)C_i^{(n)}
\end{aligned}
$$

这里称

$$C_i^{(n)} = \frac{(-1)^{n-i}}{i!\,(n-i)!\,n}\int_0^n t(t-1)\cdots(t-i+1)(t-i-1)\cdots(t-n)\mathrm{d}t \tag{3.10}$$

为牛顿 - 柯特斯系数. 由牛顿 - 柯特斯系数(3.10) 的表达式可知，在取等距节点时，积分系数 $C_i^{(n)}$ 与积分节点和积分区间无直接关系，只与插值的节点总数有关. 在公式中取 $n=1$，可算出梯形积分系数;取 $n=2$，可算出辛普森积分系数.

为了便于应用,我们把部分柯特斯系数列在表 3.1 中,利用这张表可很快写出各种牛顿 - 柯特斯公式.

例如,当 $n=4$,有

$$\int_a^b f(x)\mathrm{d}x \approx \frac{b-a}{90}[7f(x_0)+32f(x_1)+12f(x_2)+32f(x_3)+7f(x_4)]$$

其中,$x_k = a + k\cdot\frac{b-a}{4}(k=0,1,2,3,4)$.

这个公式被特别称为柯特斯(Cotes) 公式.

由表 3.1 可以看出，当 $n \geqslant 8$ 时，牛顿 - 柯特斯系数有正有负，此时相应的求积公式的稳定性得不到保证，故在实际计算中不宜采用高阶的牛顿 - 柯特斯公式.

表 3.1　积分系数表

n									
1	$\frac{1}{2}$	$\frac{1}{2}$							
2	$\frac{1}{6}$	$\frac{4}{6}$	$\frac{1}{6}$						
3	$\frac{1}{8}$	$\frac{3}{8}$	$\frac{3}{8}$	$\frac{1}{8}$					
4	$\frac{7}{90}$	$\frac{32}{90}$	$\frac{12}{90}$	$\frac{32}{90}$	$\frac{7}{90}$				
5	$\frac{19}{288}$	$\frac{75}{288}$	$\frac{50}{288}$	$\frac{50}{288}$	$\frac{75}{288}$	$\frac{19}{288}$			
6	$\frac{41}{840}$	$\frac{216}{840}$	$\frac{27}{840}$	$\frac{272}{840}$	$\frac{27}{840}$	$\frac{216}{840}$	$\frac{41}{840}$		
7	$\frac{751}{17\,280}$	$\frac{3\,577}{17\,280}$	$\frac{1\,323}{17\,280}$	$\frac{2\,989}{17\,280}$	$\frac{2\,989}{17\,280}$	$\frac{1\,323}{17\,280}$	$\frac{3\,577}{17\,280}$	$\frac{751}{17\,280}$	
8	$\frac{989}{28\,350}$	$\frac{5\,888}{28\,350}$	$-\frac{928}{28\,350}$	$\frac{10\,496}{28\,350}$	$-\frac{4\,540}{28\,350}$	$\frac{10\,496}{28\,350}$	$-\frac{928}{28\,350}$	$\frac{5\,888}{28\,350}$	$\frac{989}{28\,350}$

2. 牛顿 - 柯特斯求积公式的稳定性

下面我们考察 Newton-Cotes 求积公式的数值稳定性问题,即数值计算过程中舍入误差对计算结果的影响大小. 考察 Cotes 系数(3.10),可以看出,Cotes 系数只与积分区间[a,b] 的节点的划分有关,与函数 $f(x)$ 无关,其值可以精确给定。因此 Newton-Cotes 公式计算积分的舍入误差主要由函数值 $f(x_k)$ 的计算引起

$$I(f) \overset{\Delta}{=} \int_a^b f(x)dx \approx \sum_{k=0}^{n} \alpha_k f(x_k) \overset{\Delta}{=} I_n(f)$$

因此,我们只需要讨论 $f(x_k)$ 的舍入误差对公式的影响.

假设 $f(x_k)$ 为精确值,而以 $\tilde{f}(x_k)$ 作为 $f(x_k)$ 的近似值(计算值)

$$\varepsilon_k = f(x_k) - \tilde{f}(x_k)$$

为误差,则用 $\tilde{f}(x_k)$ 近似代替 $f(x_k)$,求积公式产生的误差为

$$E = (b-a)\sum_{k=0}^{n} C_n^k \mid f(x_k) - \tilde{f}(x_k) \mid = (b-a)\sum_{k=0}^{n} C_n^k \varepsilon_k$$

记 $\varepsilon = \max\limits_{0 \leqslant k \leqslant n}\{\mid \varepsilon_k \mid\}$,若 $\forall k \leqslant n, C_k > 0$,有

$$\mid E \mid \leqslant (b-a)\sum_{k=0}^{n} \mid C_n^k \mid \mid \varepsilon_k \mid \leqslant (b-a)\varepsilon$$

此时,计算结果的误差可以控制,计算过程是稳定的.

若 Cotes 系数有正有负,则

$$\sum_{k=0}^{n} \mid C_n^k \mid > 1$$

并且 n 越大, $\sum\limits_{k=0}^{n} \mid C_n^k \mid$ 的值越大,这时候计算误差越大. 因此,在实际应用中一般不使用高阶 Newton-Cotes 公式.

3. 牛顿-柯特斯公式的求积余项

关于牛顿-柯特斯积分公式的误差,我们不加证明地给出下列结果:

(1) 若 n 为奇数, $f \in C^{n+1}[a, b]$, 则有

$$E_n(f) = \frac{f^{(n+1)}(\eta)}{(n+1)!}\int_a^b (x-x_0)(x-x_1)\cdots(x-x_n)\mathrm{d}x$$

即积分公式有 n 阶代数精度.

(2) 若 n 为偶数, $f \in C^{n+2}[a, b]$, 则有

$$E_n(f) = \frac{f^{(n+2)}(\eta)}{(n+2)!}\int_a^b x(x-x_0)(x-x_1)\cdots(x-x_n)\mathrm{d}x$$

即积分公式有 $n+1$ 阶代数精度.

【例 3-2】 利用梯形公式和辛普森公式分别计算积分

$$I = \int_0^4 \frac{4}{1+x^2}\mathrm{d}x$$

的近似值.

解 由式(3.7), 有

$$I \approx \frac{(1-0)}{2} \times \left(\frac{4}{1+0^2} + \frac{4}{1+1^2}\right) = 3.000\,0.$$

由式(3.8)，有

$$I \approx \frac{(1-0)}{6} \times \left(\frac{4}{1+0^2} + 4 \times \frac{4}{1+0.5^2} + \frac{4}{1+1^2}\right) = 3.1333$$

§3.3 复化求积公式

由表 3.1 可以看出，牛顿 - 柯特斯公式在 $n \geqslant 8$ 时不具有稳定性. 故不可能通过提高阶的方法来提高精度. 为了提高求积公式的精度，在实际应用中往往不采用高阶的牛顿 - 柯特斯公式，而是将积分区间划分成若干个相等的小区间，在各小区间上采用低阶的求积公式，例如梯形公式或辛普森公式，然后利用积分区间的可加性，把各区间上的积分值加起来，便得到新的求积公式，这就是复化求积公式. 本节只讨论复化梯形公式和复化辛普森公式.

3.3.1 复化梯形积分

把积分区间 $[a, b]$ 分割成若干小区间，在每个小区间 $[x_i, x_{i+1}]$ 上用梯形积分公式，再将这些小区间上的数值积分累加起来，称为**复化梯形公式**.

1. 复化梯形积分计算公式

对 $[a, b]$ 作等距分割，有 $h = \dfrac{b-a}{n}$，$x_i = a + ih$，$i = 0, 1, \cdots, n$，于是

$$I(f) = \int_a^b f(x)\mathrm{d}x = \sum_{i=0}^{n-1} \int_{x_i}^{x_{i+1}} f(x)\mathrm{d}x$$

在 $[x_i, x_{i+1}]$ 上，利用梯形公式，有

$$\int_{x_i}^{x_{i+1}} f(x)\mathrm{d}x = \frac{h}{2}[f(x_i) + f(x_{i+1})] - f''(\xi_i)\frac{h^3}{12}$$

因此，在整个区间 $[a, b]$ 上，有

$$\begin{aligned} I(f) &= \sum_{i=0}^{n-1}\left\{\frac{h}{2}[f(x_i) + f(x_{i+1})]f''(\xi_i)\frac{h^3}{12}\right\} \\ &= h\left[\frac{1}{2}f(a) + \sum_{i=1}^{n-1} f(x_i) + \frac{1}{2}f(b)\right] - \sum_{i=0}^{n-1} f''(\xi_i)\frac{h^3}{12} \end{aligned}$$

记 n 等分的复化梯形公式为 $T_n(f)$ 或 $T(h)$，有

$$T(h) = T_n(f) = h\left[\frac{1}{2}f(a) + \sum_{i=1}^{n-1} f(a+ih) + \frac{1}{2}f(b)\right] \tag{3.11}$$

2. 复化梯形公式截断误差

$$E_n[f] = \sum_{i=0}^{n-1}\left[-\frac{h^3}{12}f''(\xi_i)\right] = -\frac{h^2}{12}\cdot(b-a)\cdot\frac{\sum_{i=0}^{n-1} f''(\xi_i)}{n}$$

$$=-\frac{h^2}{12}\cdot(b-a)f''(\xi), \xi\in(a,b) \tag{3.12}$$

记 $M_2=\max\limits_{a\leqslant x\leqslant b}|f''(x)|$，则有

$$|E_n(f)|\leqslant\frac{(b-a)^3}{12n^2}\cdot M_2=O\left(\frac{1}{n^2}\right)$$

对于任给的误差控制小量 $\varepsilon>0$，有

$$\frac{(b-a)^3}{12n^2}\cdot M_2<\varepsilon \text{ 或 } n\geqslant\left[\sqrt{\frac{(b-a)^3M_2}{12\varepsilon}}\right]+1 \tag{3.13}$$

就有 $E_n[f]<\varepsilon$，式中[ ]为取整函数.

3.3.2 复化辛普森积分

把积分区间分成偶数等分 $2m$，记 $n=2m$，其中 $n+1$ 是节点总数，m 是积分子区间的总数.

1. 复化辛普森积分计算公式

记 $h=\dfrac{b-a}{n}$，$x_i=a+ih$，$i=0, 1, \cdots, n$，在每个区间 $[x_{2i}, x_{2i+2}]$ 上用辛普森数值积分公式计算，则得到复化辛普森公式，记为 $S_n(f)$.

$$I(f)=\int_a^b f(x)\mathrm{d}x=\sum_{i=0}^{n}\int_{x_{2i}}^{x_{2i+2}}f(x)\mathrm{d}x$$

$$\int_{x_{2i}}^{x_{2i+2}}f(x)\mathrm{d}x=\frac{2h}{6}[f(x_{2i})+4f(x_{2i+1})+f(x_{2i+2})]-\frac{(2h)^5}{2\,880}f^{(4)}(\xi_i),$$

称

$$S_n(f)=\sum_{i=0}^{m-1}\frac{2h}{6}[f(x_{2i})+4f(x_{2i+1})+f(x_{2i+2})]$$

$$=\frac{h}{3}\left[f(a)+4\sum_{i=0}^{m-1}f(x_{2i+1})+2\sum_{i=1}^{m-1}f(x_{2i})+f(b)\right] \tag{3.14}$$

为**复化辛普森积分**.

2. 复化辛普森公式的截断误差

设 $f\in C^4[a,b]$，在 $[x_{2i}, x_{2i+2}]$ 上的误差为

$$-\frac{(2h)^5}{2\,880}f^{(4)}(\xi_i), x_{2i}\leqslant\xi_i\leqslant x_{2i+2}$$

因此

$$I(f)-S_n(f)=-\frac{(2h)^5}{2\,880}\sum_{i=0}^{m-1}f^{(4)}(\xi_i)=-\frac{(2h)^5m}{2\,880}f^{(4)}(\xi)$$

$$=\frac{-(b-a)^5}{2\,880m^4}f^{(4)}(\xi)=\frac{-(b-a)^5}{180n^4}f^{(4)}(\xi)$$

即

$$E_n(f) = -\frac{(b-a)^5}{180n^4} f^{(4)}(\xi),\ \xi \in [a, b]$$

记 $M_4 = \max\limits_{a \leqslant x \leqslant b} |f^{(4)}(x)|$，则有

$$|E_n(f)| \leqslant \frac{(b-a)^5}{2\,880m^4} \cdot M_4 = O\left(\frac{1}{m^4}\right)$$

对任给的误差控制小量 $\varepsilon > 0$，只要

$$\frac{(b-a)^5}{2\,880m^4} \cdot M_4 < \varepsilon \text{ 或 } m \geqslant \left[\sqrt[4]{\frac{(b-a)^5 M_4}{2\,880\varepsilon}}\right] + 1 \tag{3.15}$$

就有 $|E_n(f)| < \varepsilon$.

【例 3-3】 分别利用复化梯形积分和复化辛普森积分计算积分

$$I = \int_0^1 \frac{\sin x}{x} \mathrm{d}x$$

使其误差界为10^{-4}，应将积分区间[0，1]多少等分？

解 可以算出 $|f^{(k)}(x)| \leqslant \frac{1}{k+1}$，故由复化梯形误差公式(3.13)

$$n \geqslant \left[\sqrt{\frac{(b-a)^3 M_2}{12\varepsilon}}\right] + 1$$

可以算出 $n > \frac{1}{6} \times 10^2 \approx 16.67$，所以区间[0，1]应该 17 等分才能满足精度要求.

若用复化辛普森公式计算，则利用复化辛普森误差公式(3.15)

$$m \geqslant \left[\sqrt[4]{\frac{(b-a)^5 M_4}{2\,880\varepsilon}}\right] + 1$$

可以算出 $m \geqslant \left[\frac{5}{\sqrt{30}}\right] + 1 = [0.9129] + 1 = 1$，故 $n = 2$ 就能满足精度的要求.

此例说明，要达到相同的精度，利用复化梯形公式需要计算 18 个函数值，而复化辛普森公式只需要计算 3 个函数值. 工作量相差 6 倍.

【例 3-4】 利用表 3.2 中的数据计算积分 $I^* = \int_0^1 \frac{4}{1+x^2} \mathrm{d}x$.

表 3.2 数据表

x_k	0	$\frac{1}{8}$	$\frac{2}{8}$	$\frac{3}{8}$	$\frac{4}{8}$	$\frac{5}{8}$	$\frac{6}{8}$	$\frac{7}{8}$	1
$f(x_k)$	4	3.938	3.764	3.506	3.200	2.876 4	2.460 0	2.265	2

解 这个问题有明显的答案

$$I^* = 4\arctan x \Big|_0^1 = \pi = 3.141\,592\,6\cdots$$

取 $n = 8$ 用复化梯形公式

$$T_8=\frac{1}{8}\times\frac{1}{2}\left[f(0)+2f\left(\frac{1}{8}\right)+2f\left(\frac{1}{4}\right)+2f\left(\frac{3}{8}\right)+2f\left(\frac{1}{2}\right)\right.$$
$$\left.+2f\left(\frac{5}{8}\right)+2f\left(\frac{3}{4}\right)+2f\left(\frac{7}{8}\right)+f(1)\right]$$
$$=3.138\,988\,494$$

取 $m=4, n=8$，用辛普森公式

$$S_8=\frac{1}{3}\times\frac{1}{8}\left[f(0)+4f\left(\frac{1}{8}\right)+2f\left(\frac{1}{4}\right)+4f\left(\frac{3}{8}\right)+2f\left(\frac{1}{2}\right)\right.$$
$$\left.+4f\left(\frac{5}{8}\right)+2f\left(\frac{3}{4}\right)+4f\left(\frac{7}{8}\right)+f(1)\right]$$
$$=3.141\,592$$

此例说明在计算量相同的情况下，辛普森公式计算积分的精度要比梯形公式精度高很多.

3.3.3 复合积分的自动控制误差方法

对于给定的精度，利用截断误差，我们可以用估计函数导数界的方法计算出 n 的值，但是不具有操作的一般性. 在数值计算中常用事后误差估计的方法估计误差.

1. 复合梯形公式自动控制误差方法

设 $T_n(f)$ 为区间$[a,b]$ n 等分时的复合梯形公式，$T_{2n}(f)$ 为区间$[a,b]$ $2n$ 等分时的复合梯形公式，由截断误差公式(3.12)，我们可以得到下面两个式子：

$$I(f)-T_n(f)=-h^2\cdot\frac{1}{12}(b-a)f''(\xi) \tag{3.16}$$

$$I(f)-T_{2n}(f)=-\left(\frac{1}{2}h\right)^2\cdot\frac{1}{12}(b-a)f''(\eta) \tag{3.17}$$

若 $f''(x)$ 在(a,b)上变化不大，可近似的认为 $f''(\xi)\approx f''(\eta)$，从而可得

$$\frac{I-T_{2n}}{I-T_n}\approx\frac{1}{4} \tag{3.18}$$

经过整理，可以得到

$$I-T_{2n}\approx\frac{1}{3}(T_{2n}-T_n)=\frac{1}{4-1}(T_{2n}-T_n) \tag{3.19}$$

如果有

$$|T_{2n}-T_n|<3\varepsilon$$

则可期望

$$|I-T_{2n}|<\varepsilon$$

2. 复合辛普森公式自动控制误差方法

设 $S_n(f)$ 为区间$[a,b]$ n 等分时的复合辛普森公式，$S_{2n}(f)$ 为区间$[a,b]$ $2n$ 等分时的复

合辛普森公式，假设 $f^{(4)}(x)$ 在 (a, b) 上变化不大，利用同样的方法可以得到，若

$$|S_{2n} - S_n| < 15\varepsilon$$

则可期望

$$|I - S_{2n}| < \varepsilon$$

3.3.4 上机程序

复化梯形上机程序如下：

```
function y=traint(a,b,n,f)
h=(b-a)/n;
x=linspace(a,b,n+1);
y1=h* feval(f,x);
y1(1)=y1(1)/2;
y1(n+1)=y1(n+1)/2;
y=sum(y1);
```

对于本节【例 3-4】，输入下列命令：

```
f=inline('4./(1+ x.* x)');
I=traint(0,1,8,f)
```

得到结果：

```
I=3.13898849449109
```

复化辛普森上机程序如下：

```
function y=simpson(a,b,n,f)
h=(b-a)/n;
x=linspace(a,b,2* n+1);
y1=feval(f,x);
y1(2:2:2* n)=4* y1(2:2:2* n);
y1(3:2:2* n-1)=2* y1(3:2:2* n-1);
y=h/6* sum(y1);
```

对于【例 3-4】，输入下列命令：

```
f=inline('4./(1+x.* x)');
I=simpson(0,1,8,f);
```

得到结果：

```
I=3.14159265122482
```

§3.4 高斯求积公式

前面我们讨论的经典数值积分方法，无论是矩形方法、梯形方法还是辛普森方法，其形式均为

$$I_n(f)=\sum_{i=1}^{n}\alpha_i f(x_i)$$

其中 x_i 称为积分节点，α_i 称为求积系数(或称权).

下面我们构造数值积分方法的途径为：首先选定求积的节点，然后按某种原则确定权的大小. 将 $\{x_i\}$ 和 $\{A_i\}$ 同时作为待定，使得求积公式有尽可能高的代数精度(节点数为 n，则代数精度最高为 $2n-1$)，这样的数值积分方法称为高斯(Gauss)求积方法.

3.4.1 一点高斯公式

我们从最简单的情形开始.

【例 3-5】 导出一点高斯公式

$$I=\int_{-1}^{1}f(x)\mathrm{d}x\approx\alpha_1 f(x_1) \tag{3.20}$$

解 由式(3.20)可知，该积分公式节点数为 1，因此有 $2\times1-1=1$ 次代数精度，因此，式(3.20)对 $f(x)=1$ 和 $f(x)=x$ 是准确的. 故有

$$\begin{cases}\alpha_1=2\\ \alpha_1 x_1=0\end{cases}\Rightarrow\begin{cases}\alpha_1=2\\ x_1=0\end{cases}\Rightarrow I\approx 2f(0)$$

因此，$[-1,1]$ 上的一阶高斯节点为 $x_1=0$，恰为区间中点.

3.4.2 二点高斯公式

【例 3-6】 导出二点高斯公式

$$I=\int_{-1}^{1}f(x)\mathrm{d}x\approx\alpha_1 f(x_1)+\alpha_2 f(x_2) \tag{3.21}$$

解 由式(3.21)可知，这时待定的节点为 x_1，x_2，待定的权 α_1，α_2，令(3.17)具有 $2\times2-1=3$ 次代数精度，即(3.21)对 $f(x)=1$，x，x^2，x^3 分别是精确的，这便给出了关于 x_1，x_2 和 α_1，α_2 的方程组：

(a) $\alpha_1+\alpha_2=\int_{-1}^{1}\mathrm{d}x=2$；

(b) $\alpha_1 x_1+\alpha_2 x_2=\int_{-1}^{1}x\mathrm{d}x=0$；

(c) $\alpha_1 x_1^2+\alpha_2 x_2^2=\int_{-1}^{1}x^2\mathrm{d}x=\dfrac{2}{3}$；

(d) $\alpha_1 x_1^3+\alpha_2 x_2^3=\int_{-1}^{1}x^3\mathrm{d}x=0.$ (3.22)

为了求解该方程，我们首先指出，待求的积分系数 α_1，α_2 均不能等于零. 否则会导致矛盾. 事实上，若设 $\alpha_1=0$，则由式(a)，得到 $\alpha_2=2$，则由式(b)和式(c)则分别得到

$$2x_2=0,\quad 2x_2^2=\frac{2}{3}$$

显然矛盾. 类似地，可知道节点 x_1，x_2 也不能为零. 为了求解方程组(3.22)，计算(b) − (a) × x_1，得到

$$\alpha_2(x_2 - x_1) = -2x_1 \tag{3.23}$$

计算(c) − (b) × x_1，得到

$$\alpha_2 x_2(x_2 - x_1) = \frac{2}{3} \tag{3.24}$$

计算(d) − (c) × x_1，得到

$$\alpha_2 x_2^2(x_2 - x_1) = -\frac{2}{3}x_1 \tag{3.25}$$

由式(3.23) 和式(3.24) 则有

$$-2x_1x_2 = \frac{2}{3} \tag{3.26}$$

由式(3.25) 和式(3.23) 则得知

$$-2x_1x_2^2 = \frac{2}{3}x_1 \tag{3.27}$$

由式(3.26) 和式(3.27)，加之 $x_1 < x_2$ 的要求可得

$$x_1 = -1/\sqrt{3}, \quad x_2 = 1/\sqrt{3} \tag{3.28}$$

将式(3.28) 代入式(3.22) 中的(a) 和(b)，立得

$$\alpha_1 = \alpha_2 = 1 \tag{3.29}$$

所以对高斯积分 $I = \int_{-1}^{1} f(x)\mathrm{d}x$ 的二点高斯积分公式为

$$I \approx f(-1/\sqrt{3}) + f(1/\sqrt{3})$$

3.4.3 *n* 点高斯公式

更高阶的高斯公式的直接导出比较困难. 以下不加证明地给出[−1, 1]上高斯点的一般求解方法.

定理 3.2 区间[−1, 1]上 n 阶高斯点恰为勒让德多项式

$$P_n(x) = \frac{1}{2^n n!} \cdot \frac{\mathrm{d}^n}{\mathrm{d}x^n}[(x^2-1)^n] \tag{3.30}$$

的根.

注 3.1 当积分区间不是[−1, 1]时，而是一般的区间[a, b]时，只要作变换

$$x = \frac{b-a}{2} \cdot t + \frac{a+b}{2} \tag{3.31}$$

可将[a, b]化为[−1, 1]，这时

$$\int_a^b f(x)\mathrm{d}x = \frac{b-a}{2}\int_{-1}^{1} f(\frac{b-a}{2} \cdot t + \frac{b+a}{2})\mathrm{d}t \tag{3.32}$$

对等式右端的积分即可使用高斯求积公式.

表 3.3 是高斯公式的节点和求积系数表.

表 3.3 高斯公式的节点和求积系数表

n	x_i	α_i
2	±0.577 350 269 2	1.0
3	±0.774 596 669 2	0.555 555 555 6
	0.0	0.888 888 888 9
4	±0.861 136 311 6	0.347 854 845 1
	±0.339 981 043 6	0.652 145 154 9

注 3.2 当 $n=1$ 时，由 $\frac{d^n}{dx^n}[(x^2-1)^n]=\frac{d}{dx}[(x^2-1)]=2x$，得$[-1, 1]$上一阶高斯点 $x_0=0$.

注 3.3 当 $n=2$ 时，由 $\frac{d^n}{dx^n}[(x^2-1)^n]=\frac{d}{dx}[(x^2-1)^2]=12x^2-4$，得$[-1, 1]$上二阶高斯点 $x_0=-1/\sqrt{3}$，$x_1=1/\sqrt{3}$.

注 3.4 当 $n=3$ 时，由 $\frac{d^n}{dx^n}[(x^2-1)^n]=\frac{d}{dx}[(x^2-1)^3]=120x^3-72x$，得$[-1, 1]$上三阶高斯点 $x_0=-\sqrt{\frac{3}{5}}$，$x_1=0$，$x_2=\sqrt{\frac{3}{5}}$，然后再用待定系数法解一线性方程组可得相应的求积系数 $\alpha_0=\alpha_2=\frac{5}{9}, \alpha_1=\frac{8}{9}$，于是得$[-1, 1]$上的三点高斯公式

$$I=\int_{-1}^{1} f(x)dx \approx \frac{5}{9}f(-\sqrt{\frac{3}{5}})+\frac{8}{9}f(0)+\frac{5}{9}f(\sqrt{\frac{3}{5}})$$

该公式具有五次代数精度.

【例 3-7】 用 4 点($n=3$) 的高斯求积公式计算

$$I=\int_0^{\frac{\pi}{2}} x^2\cos x dx$$

解 先将区间$[0, \frac{\pi}{2}]$化为$[-1, 1]$，由式(3.32)有

$$I=\int_{-1}^{1} (\frac{\pi}{4})^3 \cdot (1+t)^2\cos\frac{\pi}{4}(1+t)dt$$

根据表 3.1 中 $n=3$ 的节点及系数值可求得

$$I_n(f)=\sum_{i=1}^{4}\alpha_i f(x_i) \approx 0.467\ 402(\text{准确值 } I=0.467\ 401\cdots)$$

§3.5 数值微分

根据函数在一些离散点的函数值，推算它在某点的导数或某高阶导数的近似值叫作数值微分.本节主要介绍两种求数值微分的方法：差商代替微商；用一能近似代替该函数的较简单的函数（如多项式、样条函数）的相应导数作为所求导数的近似值.

3.5.1 差商与数值微分

微积分中，关于导数的定义如下：

$$f'(x)=\lim_{h\to 0}\frac{f(x+h)-f(x)}{h}=\lim_{h\to 0}\frac{f(x)-f(x-h)}{h}=\lim_{h\to 0}\frac{f(x+h)-f(x-h)}{2h}$$

在微积分中，用差商的极限定义导数；在数值计算中，导数用差商作为近似值.

下面介绍与上式相应的三种差商形式的数值微分公式和截断误差.

1. 向前差商

$$f'(x_0)\approx\frac{f(x_0+h)-f(x_0)}{h}$$

由泰勒展开

$$f(x_0+h)=f(x_0)+hf'(x_0)+\frac{h^2}{2!}f''(\xi),\ x_0\leqslant\xi\leqslant x_0+h$$

于是，可以得到向前差商的截断误差是

$$R(x)=f'(x_0)-\frac{f(x_0+h)-f(x_0)}{h}=-\frac{h}{2!}f''(\xi)=O(h)$$

2. 向后差商

$$f'(x_0)\approx\frac{f(x_0)-f(x_0-h)}{h}$$

由泰勒展开

$$f(x_0-h)=f(x_0)-hf'(x_0)+\frac{h^2}{2!}f''(\xi),\ x_0\leqslant\xi\leqslant x_0+h$$

于是，可以得到向后差商的截断误差是

$$R(x)=f'(x_0)-\frac{f(x_0)-f(x_0-h)}{h}=\frac{h}{2!}f''(\xi)=O(h)$$

3. 中心差商

$$f'(x_0)\approx\frac{f(x_0+h)-f(x_0-h)}{2h}$$

由泰勒展开

$$f(x_0+h)=f(x_0)+hf'(x_0)+\frac{h^2}{2!}f''(x_0)+\frac{h^3}{3!}f'''(\xi_1),\ x_0\leqslant\xi_1\leqslant x_0+h$$

$$f(x_0-h)=f(x_0)-hf'(x_0)+\frac{h^2}{2!}f''(x_0)-\frac{h^3}{3!}f'''(\xi_2),\ x_0-h\leqslant\xi_2\leqslant x_0$$

于是,可以得到中心差商的截断误差是

$$\begin{aligned}R(x)&=f'(x_0)-\frac{f(x_0+h)-f(x_0-h)}{2h}\\&=\frac{h^2}{12}[f'''(\xi_1)+f'''(\xi_2)]=\frac{h^2}{6}f'''(\xi)=O(h^2)\end{aligned}$$

由误差表达式,h 越小,误差越小,但同时舍入误差增大,我们可以用事后误差估计的方法来确定最佳步长的选取方法,例如:设 $D(h)$,$D(h/2)$ 分别为步长为 h 和 $h/2$ 的差商计算公式,则给定误差界,当 $\left|D(h)-D\left(\frac{h}{2}\right)\right|<\varepsilon$ 时的步长 $h/2$ 就是合适的步长.

3.5.2 插值型数值微分

定义 3.3 对于给定的 $f(x)$ 的函数表,见表 3.4.

表 3.4 $f(x)$ 的函数表

x	x_0	x_1	x_2	…	x_n
y	y_0	y_1	y_2	…	y_n

建立插值函数 $L_n(x)$,用插值函数 $L_n(x)$ 的导数近似函数 $f(x)$ 的导数,这样建立的数值微分公式称为**插值型求导公式**.

设 x_i,$i=0,1,2,\cdots,n$ 为$[a,b]$上的节点,给定$(x_i, f(x_i))$,$i=0,1,2,\cdots,n$,以$(x_i, f(x_i))$为插值点构造插值多项式$L_n(x)$,以$L_n(x)$的各阶导数近似$f(x)$的相应阶的导数,即

$$f(x)=L_n(x)=\sum_{i=0}^{n}l_i(x)f(x_i)$$

$$f'(x)=L'_n(x)=\sum_{i=0}^{n}l'_i(x)f(x_i) \tag{3.33}$$

当 $x=x_j$ 时

$$f'(x_j)\approx\sum_{i=0}^{n}l'_i(x_j)f(x_i),\ j=0,1,\cdots,n \tag{3.34}$$

误差项为

$$R(x_j)=\prod_{n}(x_j-x_i)\frac{f^{(n+1)}(\xi)}{(n+1)!},\ j=0,1,\cdots,n \tag{3.35}$$

下面我们仅仅考察节点处的导数值. 为简化讨论,假定所给的节点是等距的.

【例 3-8】（两点公式）给定$(x_i, f(x_i))$，$i=0, 1$，并有$x_1-x_0=h$，计算$f'(x_0)$，$f'(x_1)$.

解　作过$(x_i, f(x_i))$，$i=0, 1$的插值多项式

$$L_1(x)=\frac{x-x_1}{x_0-x_1}f(x_0)+\frac{x-x_0}{x_1-x_0}f(x_1)$$

对上式两端求导，并令$x=x_0$，$x_1-x_0=h$，得

$$f'(x_0)\approx L_1'(x_0)=\frac{f(x_1)-f(x_0)}{h} \tag{3.36}$$

同理，可得

$$f'(x_1)\approx L_1'(x_1)=\frac{f(x_0)-f(x_1)}{h} \tag{3.37}$$

由于式(3.36)和式(3.37)只用到两个点的函数值，故称为两点公式，其误差都是$O(h)$，即精度都是一阶的.

【例 3-9】（三点公式）给定$(x_i, f(x_i))$，$i=0, 1, 2$，并有$x_2-x_1=x_1-x_0=h$，计算$f'(x_0)$，$f'(x_1)$，$f'(x_2)$.

解　作过$(x_i, f(x_i))$，$i=0, 1, 2$的插值多项式

$$L_2(x)=\frac{(x-x_1)(x-x_2)}{2h^2}f(x_0)+\frac{(x-x_0)(x-x_2)}{-h^2}f(x_1)+\frac{(x-x_0)(x-x_1)}{2h^2}f(x_2)$$

$$\begin{aligned}f'(x)&=L_2'(x)\\&=\frac{f(x_0)}{2h^2}(x-x_1+x-x_2)-\frac{f(x_1)}{h^2}(x-x_0+x-x_2)+\frac{f(x_2)}{2h^2}(x-x_0+x-x_1)\end{aligned}$$

将$x=x_i$代入$f'(x)$得三点端点公式和三点中点公式

$$f'(x_0)\approx L_2'(x_0)=\frac{1}{2h}[-3f(x_0)+4f(x_1)-f(x_2)]$$

$$f'(x_1)\approx L_2'(x_1)=\frac{1}{2h}[-f(x_0)+f(x_2)]$$

$$f'(x_2)\approx L_2'(x_2)=\frac{1}{2h}[f(x_0)-4f(x_1)+3f(x_2)]$$

利用泰勒展开进行比较和分析，可得三点公式的截断误差是$O(h^2)$.

3.5.3　样条插值数值微分公式

将离散点按大小排列$a=x_0<x_1<\cdots<x_n=b$，用m关系式构造插值点$y_i=f(x_i)$的样条插值函数$S(x)$在$[x_{i-1}, x_i]$上的表达式为

$$\begin{aligned}S(x)=&\left(1+2\frac{(x-x_{i-1})}{h_{i-1}}\right)\left(\frac{x-x_i}{h_{i-1}}\right)^2 y_{i-1}+\left(1-2\frac{(x-x_i)}{h_{i-1}}\right)\left(\frac{x-x_{i-1}}{h_{i-1}}\right)^2 y_i\\&+(x-x_{i-1})\left(\frac{x-x_i}{h_{i-1}}\right)^2 m_{i-1}+(x-x_i)\left(\frac{x-x_{i-1}}{h_{i-1}}\right)^2 m_i\end{aligned}$$

利用 $S(x)$ 近似计算 $f^{(k)}(x) \approx S^{(k)}(x), k=0,1,2.$

3.5.4 上机程序

三点公式 MATLAB 程序如下：

```
function f = diff3(x, y)
n = length(x);
h = x(2) - x(1);
f(1) = (-3* y(1) +4* y(2) -y(3))/(2* h);
for j = 2:n-1
  f(j) = (y(j+1) -y(j-1))/(2* h);
end
f(n) = (y(n-2) -4* y(n-1) +3* y(n))/(2* h);
out = f;
```

【例 3-10】 用三点公式计算 $y = f(x)$ 在 1.0，1.2，1.4 处的导数值，$f(x)$ 的值如表 3.5 所示.

表 3.5 $f(x)$ 的值

x	1.0	1.1	1.2	1.3	1.4
$f(x)$	0.25	0.2268	0.2066	0.1890	0.1736

输入下列命令：

```
x = [1.0, 1.1, 1.2, 1.3, 1.4];
y = [0.2500, 0.2268, 0.2066, 0.1890, 0.1736];
V = diff3(x, y)
```

得到结果：

```
V =-0.2470   -0.2170   -0.1890   -0.1650   -0.1430
```

因此，$y = f(x)$ 在 1.0，1.2，1.4 处的导数值分别为 -0.2427，0.1890 和 0.1430.

§3.6 上机实验

3.6.1 实验目的

1. 探究计算积分的几种数值方法，矩形法、梯形法、辛普森法，并比较不同方法的精度和效率.

2. 利用数值积分解决实际问题.

3.6.2 实验内容与要求

1. 写出利用左矩形、右矩形、中点公式，复化梯形公式和复化辛普森公式计算积分的MATLAB程序，以及近似值与真实值之间的差 —— 近似误差，从而比较不同方法的精度. 为了使程序比较简单，我们选取 $n=2m$，它是一个偶数，对于前四个公式，我们认为子区间是 $a=x_0<x_2<x_4<\cdots<x_{2m}=b$，子区间的中点是 x_1，x_3，$\cdots$，x_{2m-1}.

2. 利用已有的 MATLAB 程序计算积分.

(1) 基于变步长辛普森法，MATLAB 给出了 quad 函数来求定积分. 该函数的调用格式为：

```
[I,n]=quad('fname',a,b,tol,trace)
```

其中，fname是被积函数名；a和b分别是定积分的下限和上限；tol用来控制积分精度，缺省时取 tol＝0.001；trace 控制是否展现积分过程，若取非零则展现积分过程，取零则不展现，缺省时取 trace＝0；返回参数 I 即定积分值；n 为被积函数的调用次数.

【例 3-11】 求定积分 $\int_0^{3\pi} e^{-0.5x}\sin(x+\frac{\pi}{6})dx$.

① 建立被积函数文件 fesin.m.

```
function f=fesin(x)
f=exp(-0.5* x).* sin(x+pi/6);
```

② 调用数值积分函数 quad 求定积分.

```
[S,n]=quad('fesin',0,3* pi)
(S 为返回值,n 是调用次数)
```

(2) 基于牛顿 - 柯特斯法，MATLAB 给出了 quad8 函数来求定积分. 该函数的调用格式为：

```
[I,n]=quad8('fname',a,b,tol,trace)
```

其中，参数的含义和quad函数相似，只是tol的缺省值取 10^{-6}. 该函数可以更精确地求出定积分的值，且一般情况下函数调用的步数明显小于 quad 函数，从而保证能以更高的效率求出所需的定积分值.

【例 3-12】 求定积分 $\int_0^{\pi}\frac{x\sin x}{1+\cos^2 x}dx$.

① 被积函数文件 fx.m.

```
function f=fx(x)
f=x.* sin(x)./(1+cos(x).* cos(x));
```

② 调用函数 quad8 求定积分.

```
I=quad8('fx',0,pi)
```

③ 被积函数由一个表格定义.

(要求积分，但是函数没有直接给出，只是自己在做实验时得到的一组相关联的数据)

在 MATLAB 中，对由表格形式定义的函数关系求定积分的问题用 trapz(X，Y) 函数. 其中向量 X，Y 定义函数关系 Y＝f(X).

【例 3-13】 用 trapz 函数计算定积分.

```
X = 1:0.01:2.5;
Y = exp(-X);             % 生成函数关系数据向量
trapz(X,Y)
ans =
   0.28579682416393
```

3. 二重定积分的数值求解.

使用MATLAB提供的 dblquad 函数就可以直接求出上述二重定积分的数值解. 该函数的调用格式为：

```
I = dblquad(f,a,b,c,d,tol,trace)
```

该函数求 f(x，y) 在[a，b]×[c，d] 区域上的二重定积分. 参数 tol，trace 的用法与函数 quad 完全相同.

【例 3-14】 计算二重定积分

$$\int_{-2}^{2}\int_{-1}^{1} e^{\frac{x^2}{2}} \sin(x^2+y)\mathrm{d}y\mathrm{d}x$$

① 建立一个函数文件 fxy.m.

```
function f = fxy(x,y)
global ki;
ki = ki+1;                  % ki 用于统计被积函数的调用次数
f = exp(-x.^2/2).* sin(x.^2+y);
```

② 调用 dblquad 函数求解.

```
global ki;ki = 0;
I = dblquad('fxy',-2,2,-1,1)
```

3.6.3 实验题目

1. 图 3.2 是一块土地的轮廓图，为计算出它的面积，首先对该图作出如下测量：以由西向东方向为 x 轴，由南向北方向为 y 轴，选择方便的原点，并从最西边界点到最东边界点在 x 轴上的区间适当地划分为若干段，在每个分点的 y 方向测出南边界点和北边界点的 y 坐标 y_1 和 y_2，得到表 3.6(单位 mm). 根据地图的比例尺我们知道 18 mm 相当于 40 km，试由测量数据统计该土地的近似面积，与它的精确值 41 288 km^2 作比较.

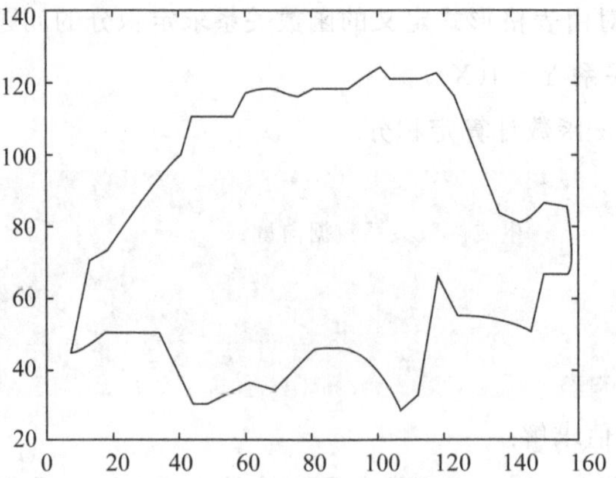

图 3.2　土地轮廓图

表 3.6　测量数据表

x	7.0	10.5	13.0	17.5	34.0	40.5	44.5	48.0	56.0	61.0	68.5	76.5	80.5	91.0
y_1	44	45	47	50	50	38	30	30	34	36	34	41	45	46
y_2	44	59	70	72	93	100	110	110	110	117	118	116	118	118
x	96	101	104	106	111	118	123	136	142	146	150	157	158	
y_1	43	37	33	28	32	65	55	54	52	50	66	66	68	
y_2	121	124	121	121	121	122	116	83	81	82	86	85	68	

2. 表 3.7 给出的 x，y 数据位于机翼剖面的轮廓线上，y_1 和 y_2 分别对应轮廓的上下线. 假设需要得到 x 坐标每改变 0.1 时的 y 坐标. 试完成加工所需数据，画出曲线，求机翼剖面的面积.

表 3.7　机翼剖面轮廓线数据

x	0	3	5	7	9	11	12	13	14	15
y_1	0	1.8	2.2	2.7	3.0	3.1	2.9	2.5	2.0	1.6
y_2	0	1.2	1.7	2.0	2.1	2.0	1.8	1.2	1.0	1.6

习　题

1. 证明牛顿 - 柯特斯公式代数精度为 5.

$$C=\frac{b-a}{90}[7f(x_0)+32f(x_1)+12f(x_2)+32f(x_3)+7f(x_4)]$$

2. 对于函数 $f(x)=\frac{\sin x}{x}$，试根据表 3.8 利用复化梯形法和复化辛普森法计算积分 $I=\int_0^1\frac{\sin x}{x}\mathrm{d}x$，并比较 T_8 和 S_4 两种方法计算量和精度.（准确值 $I=0.946\,1$）

表 3.8 数据表

x	0	1/8	1/4	3/8	1/2	5/8	3/4	7/8	1
$f(x)$	1	0.997 4	0.989 6	0.976 7	0.958 9	0.936 1	0.908 9	0.877 2	0.841 5

3. 分别利用梯形公式和辛普森公式计算下列积分.

(1) $\int_0^1 \frac{x}{4+x^2}\mathrm{d}x$，$n=8$；

(2) $\int_0^{\pi/6} \sqrt{-\sin^2\varphi}\,\mathrm{d}\varphi$，$n=6$.

4. 用复化梯形求积分$\int_a^b f(x)\mathrm{d}x$，问要将积分区间 $[a, b]$ 分成多少等分，才能保证误差不超过 ε(设不计舍入误差).

5. 用三点高斯公式计算积分$\int_1^3 \frac{\mathrm{d}y}{y}$.

6. 用三点公式求 $f(x)=\frac{1}{(1+x)^2}$ 在 $x=1.0$，1.1 和 1.2 处的导数值，并估计误差. $f(x)$ 的值见表 3.9.

表 3.9 $f(x)$ 的值

x	1.0	1.1	1.2	1.3	1.4
$f(x)$	0.250 0	0.226 8	0.206 6	0.189 0	0.173 6

第 4 章　非线性方程的数值解法

§4.1　引　言

在科学工程与计算的研究中，经常会遇到非线性方程的求根问题. 例如，代数方程 $x^5 - x^3 + 24x + 1 = 0$，超越方程 $3 - x = \lg x$. 对于不高于 4 次的代数方程已有求根公式，而高于 4 次的代数方程则无精确的求根公式，至于超越方程，就更无法求出其精确的解，因此，如何求得满足一定精度要求的方程的近似根也就成为迫切需要解决的问题.

本章主要讨论一元非线性方程

$$f(x) = 0 \tag{4.1}$$

的求根问题，其中 $f(x)$ 是连续的非线性函数. 当 $f(x)$ 是多项式函数时，方程 $f(x)=0$ 称为多项式方程，当 $f(x)$ 是超越函数时，相应地方程 $f(x)=0$ 称为超越方程。

§4.2　对　分　法

4.2.1　对分法的数学依据和算法简述

对分法也称为二分法，是求方程近似解的一种简单直观的方法. 应用对分法的理论依据是零点定理，即若 $f(x)$ 在区间 $[a, b]$ 上连续，$f(a) \cdot f(b) < 0$，则在 $[a, b]$ 内有方程的根. 在计算中通过对分区间缩小区间范围，搜索零点的位置.

算法简述：取 $[a, b]$ 中点将区间一分为二. 若 $f(x_0)=0$，则 x_0 就是方程的根，否则判别根 x^* 在 x_0 的左侧还是右侧.

若 $f(a) \cdot f(x_0) < 0$，则 $x^* \in (a, x_0)$，令 $a_1 = a, b_1 = x_0$；

若 $f(x_0) \cdot f(b) < 0$，则 $x^* \in (x_0, b)$，令 $a_1 = x_0, b_1 = b$.

一般地，记当前有根 $[a_k, b_k]$，取 $x_k = \frac{1}{2}(a_k + b_k)$，若 $f(a_k) \cdot f(x_k) < 0$，则 $x^* \in (a_k, x_k)$，令 $a_{k+1} = a_k$，$b_{k+1} = x_k$；否则，令 $a_{k+1} = x_k$，$b_{k+1} = b_k$，再取 $x_{k+1} = \frac{1}{2}(a_{k+1} + b_{k+1})$，一直做下

去，直到满足精度为止.

【例 4-1】 用二分法求 $f(x)=x^3+4x^2-10=0$ 在(1，2)内的根，要求绝对误差不超过 $\frac{1}{2}\times 10^{-2}$.

解 $f(x)=x^3+4x^2-10$.

(1) $f(1)=-5$，$f(2)=14$，由零点定理可得有根区间 $[a,b]=[1,2]$；

(2) 计算 $x_0=1.5$，$f(1.5)=2.375>0$，有根区间 $[a,b]=[1,1.5]$；

(3) 计算 $x_1=1.25$，$f(1.25)=-1.297<0$，有根区间 $[a,b]=[1.25,1.5]$；一直做到 $|f(x_k)|<0.5\times 10^{-2}$，详细计算见表 4.1.

表 4.1 计算结果表

函数值	有根区间	中点
$f(1)=-5<0$		$x_1=1.5$
$f(2)=14>0$	$-(1,2)+$	$x_2=1.25$
$f(1.25)<0$	$-(1.25,1.5)+$	$x_3=1.375$
$f(1.375)>0$	$-(1.25,1.375)+$	$x_4=1.313$
$f(1.313)<0$	$-(1.313,1.375)+$	$x_5=1.344$
$f(1.344)<0$	$-(1.344,1.375)+$	$x_6=1.360$
$f(1.360)<0$	$-(1.360,1.375)+$	$x_7=1.368$
$f(1.368)>0$	$-(1.360,1.368)+$	$x_8=1.364$

4.2.2 上机程序

二分法的 MATLAB 程序如下：

```
function out = bisect(f,a,b,epson)
c = (a+b)/2;
while abs(feval(f,c)) > =epson
  if feval(f,a)* feval(f,c) > =0
    a = c;
  else
    b = c;
  end
  c = (a+b)/2
end
out = c;
```

对于【例 4-1】，输入下列命令：

```
f=inline('x.^3+4* x.^2-10');
epson=0.0005;
a=1;
b=2;
Y=bisect(f,a,b,epson)
```

迭代 8 次得到解：

```
Y=1.36523437500000
```

4.2.3 算法评价

二分法算法简单，且总是收敛的，但是收敛的太慢，故一般不单独将其用于求根，只是用其为根求得一个较好的近似值.

§4.3 迭代法及其收敛性

4.3.1 不动点迭代格式

迭代法是一种按照同一公式重复计算逐次逼近真值的算法，是数值计算普遍使用的重要方法. 对给定的方程 $f(x)=0$，将它改写成等价形式

$$x=\varphi(x) \tag{4.2}$$

若要求 x^* 满足 $f(x^*)=0$，则 $x^*=\varphi(x^*)$；反之亦然. 称 x^* 为函数 $\varphi(x)$ 的一个不动点. 从而求 $f(x)$ 的零点就等价于求 $\varphi(x)$ 的不动点.

给定初值 x_0 作为迭代的初始点，将它代入(4.2) 的右端，即可求得

$$x_1=\varphi(x_0)$$

如此反复计算，可以得到迭代序列

$$x_{k+1}=\varphi(x_k),\ k=1,\ 2,\ \cdots \tag{4.3}$$

这里，称 $\varphi(x)$ 为迭代函数，式(4.3) 为迭代公式. 若序列 $\{x_k\}$ 存在极限 x^*，即 $\lim\limits_{k\to\infty}x_k=x^*$，则称该迭代格式(4.3) 是收敛的. 如果迭代格式(4.3) 收敛，且函数 $\varphi(x)$ 连续，可以证明，序列 $\{x_k\}$ 极限 x^* 就是函数 $\varphi(x)$ 的不动点，也是方程 $f(x)=0$ 的根. 在计算中当 $|x_{k+1}-x_k|$ 小于给定的精度控制量时，取 $x^*=x_{k+1}$ 为方程的根. 我们称式(4.3) 为不动点迭代法.

构造不动点迭代法的基本步骤如下：

① 给出方程的等价形式

$$f(x)=0\Leftrightarrow x=\varphi(x)$$

② 取合适的初值 x_0，产生迭代序列

$$x_{k+1}=\varphi(x_k)$$

③ 求极限

$$x^*=\lim_{k\to+\infty}x_k$$

下面我们要考虑的是方程的等价形式是唯一的吗？什么样的等价形式构造出来的迭代序列$\{x_n\}$是收敛的？我们看下面的例子：

【例 4-2】 用迭代法求方程 $x^4+2x^2-x-3=0$ 在区间[1，1.2]内的实根.

解 对方程进行如下三种变形

$$x=\varphi_1(x)=(3+x-2x^2)^{\frac{1}{4}}$$

$$x^4+2x^2-x-3=0\Rightarrow x=\varphi_2(x)=\sqrt{\sqrt{x+4}-1}$$

$$x=\varphi_3(x)=x^4+2x^2-3$$

分别按以上三种形式建立迭代公式，并取 $x_0=1$ 进行迭代计算，结果如下：

利用第一种等价形式构造迭代格式

$$x_{k+1}=\varphi_1(x_k)=(3+x_k-2x_k^2)^{\frac{1}{4}}$$

通过计算得到

$$x_{26}=x_{27}=1.124\,123$$

利用第二种等价形式构造迭代格式

$$x_{k+1}=\varphi_2(x_k)=\sqrt{\sqrt{x_k+4}-1}$$

通过计算得到

$$x_6=x_7=1.124\,123$$

利用第三种等价形式构造迭代格式

$$x_{k+1}=\varphi_3(x_k)=x_k^4+2x_k^2-3$$

通过计算得到

$$x_3=96,\ x_4=8.495\,307\times10^7$$

而方程的准确根 $x^*=1.124\,123\,029$.

由【例 4-2】可以看出：

① 将 $f(x)=0$ 化为等价方程 $x=\varphi(x)$ 的方式是不唯一的，利用这些等价方程构造的迭代格式有的收敛，有的发散.

② 迭代公式不同，收敛情况也不同. 第二种公式比第一种公式收敛快得多，而第三种公式不收敛.

那么，怎么构造收敛速度较快的迭代格式呢？我们需要研究 $\varphi(x)$ 的不定点的存在性及迭代法的收敛性.

4.3.2 不动点迭代格式的收敛性定理

定理 4.1 设函数 $\varphi(x)$ 满足下列两项条件：

(i) 当 $x \in [a, b]$，有 $a \leqslant \varphi(x) \leqslant b$；

(ii) $\varphi(x)$ 在$[a, b]$上可导，并且存在正数 $L < 1$，使对任意的 $x \in [a, b]$，有 $\varphi'(x) \leqslant L$.

则(1) 函数 $\varphi(x)$ 在$[a, b]$上有唯一的不动点 x^*，即 $x^* = \varphi(x^*)$；

(2) 迭代格式 $x_{k+1} = \varphi(x_k)$ 对任意的初值 $x_0 \in [a, b]$ 均收敛于 $\varphi(x)$ 的不动点 x^*，并有误差估计式

$$|x^* - x_k| \leqslant \frac{L^k}{1-L} |x_1 - x_0| \tag{4.4}$$

证明 (1) 先证明不动点的存在性. 作函数 $f(x) = x - \varphi(x)$，则有

$$f(a) = a - \varphi(a) \leqslant 0$$

$$f(b) = b - \varphi(b) \geqslant 0$$

由根的存在性定理，至少存在 $a \leqslant x^* \leqslant b$，使得

$$f(x^*) = x^* - \varphi(x^*) = 0$$

即

$$x^* = \varphi(x^*).$$

再证明不动点的唯一性. 设 x^*，x^{**} 都是 $\varphi(x)$ 的不动点，且 $x^* \neq x^{**}$，则有

$$\begin{aligned}|x^* - x^{**}| &= |\varphi(x^*) - \varphi(x^{**})| \\ &= |\varphi'(\xi)(x^* - x^{**})| \leqslant L|x^* - x^{**}| < |x^* - x^{**}|, \xi \in [a, b]\end{aligned}$$

与假设矛盾，这表明 $x^* = x^{**}$，即不动点是唯一的.

(2) 当 $x_0 \in [a, b]$时，由于$\varphi(x) \in [a, b]$可用归纳法证明，迭代序列$\{x_k\} \subset [a, b]$，于是由微分中值定理

$$x_{k+1} - x^* = \varphi(x_k) - \varphi(x^*) = \varphi'(\xi)(x_k - x^*), \xi \in [a, b]$$

和$|\varphi'(x)| < L$，得

$$|x_{k+1} - x^*| \leqslant L|x_k - x^*| = L|\varphi(x_{k-1}) - \varphi(x^*)| \leqslant L^2|x_{k-1} - x^*| \cdots \leqslant L^{k+1}|x_0 - x^*|$$

因为 $L < 1$，所以当 $k \to \infty$时，$L^{k+1} \to 0$，$x_{k+1} \to x^*$，即迭代格式 $x_{k+1} = \varphi(x^k)$ 收敛.

误差估计式

$$|x_{k+1} - x_k| = |\varphi(x_k) - \varphi(x_{k-1})| \leqslant L|x_k - x_{k-1}| \cdots \leqslant L^k|x_1 - x_0| \tag{4.5}$$

设 k 固定，对于任意的正整数 p，有

$$\begin{aligned}|x_{k+p} - x_k| &= |x_{k+p} - x_{k+p-1}| + |x_{k+p-1} - x_{k+p-2}| + \cdots |x_{k+1} - x_k| \\ &\leqslant (L^{k+p-1} + L^{k+p-2} + \cdots L^k)|x_1 - x_0| = \frac{L^k(1-L^p)}{1-L}|x_1 - x_0|\end{aligned} \tag{4.6}$$

由于 p 的任意性及$\lim\limits_{p\to\infty} x_{k+p} = x^*$，故有

$$|x^* - x_k| \leqslant \frac{L^k}{1-L}|x_1 - x_0| \tag{4.7}$$

定理证毕.

迭代过程是个极限过程. 在用迭代法进行实际计算时，必须按精度要求控制迭代次数. 误差估计式(4.7) 原则上可用于确定迭代次数，但它由于含有 L 而不便于实际应用. 根据

式(4.6)，对于任意正整数 p，有

$$\begin{aligned}|x_{k+p}-x_k| &\leqslant |x_{k+p}-x_{k+p-1}|+|x_{k+p-1}-x_{k+p-2}|+\cdots+|x_{k+1}-x_k| \\ &\leqslant (L^{p-1}+L^{p-2}+\cdots+L)|x_{k+1}-x_k| \\ &=\frac{1-L^p}{1-L}|x_{k+1}-x_k| \leqslant \frac{1}{1-L}|x_{k+1}-x_k|\end{aligned}$$

上述令 $p\to\infty$及$\lim\limits_{p\to\infty}x_{k+p}=x^*$ 即得

$$|x^*-x_k| \leqslant \frac{1}{1-L}|x_{k+1}-x_k| \tag{4.8}$$

注 4.1　式(4.7)表明L的值越接近于零，迭代法收敛得越快，例如，在前面【例 4-2】中采用的三种迭代公式，在隔根区间(1，1.2)内，有

$$x=\varphi_1(x)=(3+x-2x^2)^{\frac{1}{4}}$$

$$x=\varphi_2(x)=\sqrt{\sqrt{x+4}-1}$$

$$x=\varphi_3(x)=x^4+2x^2-3$$

通过计算，有

$$|\varphi_1'(x)|=\left|\frac{x-0.25}{(3+x-2x^2)^{\frac{3}{4}}}\right|<\frac{1.2-0.25}{(3+1-2\times1.2^2)^{\frac{3}{4}}}<0.87<1$$

$$|\varphi_2'(x)|=\left(4\sqrt{\sqrt{x+4}-1}\,\sqrt{x+4}\right)^{-1}<\left(4\sqrt{\sqrt{5}-1}\,\sqrt{5}\right)^{-1}<0.11$$

$$|\varphi_3'(x)|=|4x^3+4x|>8$$

故前两个迭代公式收敛，第三个迭代公式不收敛，且第二个迭代公式收敛得最快.

注 4.2　式(4.8)表明，当 $L<1$ 时，相邻两步迭代之差的大小可以反映当前迭代值与方程解的近似程度，由此，可以用$|x_{k+1}-x_k|$的值作为终止迭代的准则，即只要相邻两次计算结果的偏差$|x_{k+1}-x_k|$足够小即可保证近似值 x_k 具有足够精度. 在实际应用中，终止迭代最好辅以$|f(x_k)|$充分小的判别.

【例 4-3】　求代数方程 $x^3-2x-5=0$ 在 $x_0=2$ 附近的实根.

解　写出方程 $x^3=2x+5$ 的等价方程 $x=\sqrt[3]{2x+5}$，由此构造迭代格式

$$x_{k+1}=\sqrt[3]{2x_k+5}$$

因为 $\varphi'(x)=\dfrac{2}{3}\cdot\dfrac{1}{(2x+5)^{\frac{2}{3}}}$，当 $x\in[1.5,\ 2.5]$ 时，$|\varphi'(x)|<1$.

由定理 4.1 可知，构造的迭代序列收敛.

取初始值 $x_0=2$，利用迭代格式进行计算得到

$$x_1=2.080\,08,\quad x_2=2.092\,35,\quad x_3=2.094\,217$$

$$x_4=2.094\,494,\quad x_5=2.094\,543,\quad x_6=2.094\,550$$

准确的解是 $x=2.094\,551\,481\,50$.

若将迭代格式写为

$$x_{k+1}=\frac{x_k^3-5}{2},\ \varphi(x)=\frac{x^3-5}{2}$$

当 $x\in[1.5,\ 2.5]$ 时，$|\varphi_2'(x)|=\left|\frac{3x^2}{2}\right|>1$.

由定理 4.1 可知，迭代格式 $x_{k+1}=\frac{x_k^3-5}{2}$ 是发散的.

4.3.3 局部收敛性

定理 4.1 给出了迭代初值 x_0 取自区间 $[a,\ b]$ 上时所产生的迭代序列 $\{x_k\}$ 的收敛性，通常称为全局收敛性. 有时不易检验定理的条件，实际应用时通常只在不动点 x^* 的附近考察迭代法的收敛性，即局部收敛性.

定理 4.2 设 x^* 是方程 $x=\varphi(x)$ 的根，$\varphi'(x)$ 在点 x^* 连续，而且 $|\varphi'(x^*)|<1$,则存在 x^* 的一个邻域 S，使对任意的 $x_0\in S$，迭代

$$x_{k+1}=\varphi(x_k),\ k=0,\ 1,\ 2,\ \cdots$$

局部收敛.

证明 由于 $\varphi'(x)$ 在点 x^* 连续，则存在 $\delta>0$，$0<L<1$，$S=\{x\in\mathbf{R}|\ |x-x^*|<\delta\}$，使对任意的 $x\in S$，均有 $|\varphi'(x)|\leqslant L<1$，对任意的 $x\in S$，有

$$|\varphi(x)-x^*|=|\varphi(x)-\varphi(x^*)|=|\varphi'(\xi)|\ |x-x^*| \tag{4.9}$$

其中 ξ 在 x^* 和 x 之间，所以 $\xi\in S$，因此

$$|\varphi(x)-x^*|\leqslant L|x-x^*|<|x-x^*|<\delta$$

这表明对于任意的 $x_0\in S$，迭代 $x_{k+1}=\varphi(x^k)$，$k=0,\ 1,\ 2,\ \cdots$ 生成的序列 $\{x_k\}\subset S$，而且

$$0\leqslant|x_k-x^*|=|\varphi(x_{k-1})-\varphi(x^*)|\leqslant L|x_{k-1}-x^*|\leqslant\cdots\leqslant L^k|x_0-x^*|$$

所以 $\{x_k\}$ 收敛，且以 x^* 为极限.

4.3.4 收敛阶

为了刻画迭代序列 $\{x_k\}$ 的收敛速度我们引入收敛阶的概念，它是衡量一个迭代算法收敛速度快慢的重要指标之一.

定义 4.1 设迭代过程 $x_{k+1}=\varphi(x_k)$ 收敛于方程 $x=\varphi(x)$ 的根 x^*，若迭代误差 $e_k=x_k-x^*$，当 $k\to\infty$ 时成立下列渐近关系式

$$\frac{e_{k+1}}{e_k^p}\to C(\text{常数 } C\neq 0) \tag{4.10}$$

则称该迭代法是 p **阶收敛**的. 特别地，$p=1$ 时称**线性收敛**，$p>1$ 时称**超线性收敛**，$p=2$ 时称**平方收敛**.

定理 4.3 对于迭代过程 $x_{k+1}=\varphi(x^k)$，若 $\varphi^{(p)}(x)$ 在所求根 x^* 的邻近连续，并且

$$\varphi'(x^*)=\varphi''(x^*)=\cdots=\varphi^{(p-1)}(x^*)=0,\ \varphi^{(p)}(x^*)\neq 0 \tag{4.11}$$

则该迭代过程在 x^* 的邻近是 p 阶收敛的.

证明 利用泰勒展开可得结论，请读者自己完成.

上述定理告诉我们，迭代过程的收敛速度依赖于迭代函数 $\varphi(x)$ 的选取，若当 $x\in[a,b]$ 时，$\varphi'(x)\neq 0$，则称该迭代过程只可能是线性收敛.

【例 4-4】 用简单迭代法求方程 $x^3-x-1=0$ 在区间[1, 2]上的一个根. 试用不同的方法构造迭代格式，并指出每一个格式是否收敛，如果收敛指出收敛阶.

解 **格式 1** 将原方程变为 $x=x^3-1$，迭代公式为 $x_{k+1}=x_k^3-1$.这里迭代函数 $\varphi(x)=x^3-1$，有 $\varphi'(x)=3x^2>1$，$\forall x\in[1,2]$.若令 $x_0=2$，有 $x_1=7$，$x_2=342$，…，迭代显然是不收敛的.

格式 2 将原方程变为 $x=\sqrt[3]{x+1}$，迭代公式为 $x_{k+1}=\sqrt[3]{x_k+1}$.这里迭代函数 $\varphi(x)=\sqrt[3]{x+1}$，可以验证 $\varphi(x)\in[1,2]$，$\forall x\in[1,2]$，且

$$\varphi'(x)=\frac{1}{3\sqrt[3]{(x+1)^2}}<1,\ \forall x\in[1,2]$$

故由定理 4.2 知,这一迭代格式是收敛的. 由于 $\varphi'(x^*)\neq 0$，故其收敛阶是一阶的.

格式 3 将原方程变为 $x=x-\dfrac{x^3-x-1}{3x^2-1}$，迭代公式为

$$x_{k+1}=x_k-\frac{x_k^3-x_k-1}{3x_k^2-1}$$

这里迭代函数 $\varphi(x)=x-\dfrac{x^3-x-1}{3x^2-1}=\dfrac{2x^3+1}{3x^2-1}$.可以验证 $\varphi(x)\in[1,2]$，$\forall x\in[1,2]$，且

$$\varphi'(x)=\frac{6x(x^3-x-1)}{(3x^2-1)^2},\ \forall x\in[1,2]$$

设 x^* 是方程 $x^3-x-1=0$ 在区间[1, 2]上的根，则有 $\varphi'(x^*)=0$，故由定理 4.3 知,这一迭代格式至少是二阶收敛的.

§4.4 牛 顿 法

牛顿(Newton) 迭代法是求解非线性方程和方程组的最基本最重要的方法之一. 目前使用的很多有效的迭代法都是以牛顿法为基础,并由它发展而得到的.

对于方程 $f(x)=0$，可以构造多种迭代格式. 牛顿法其基本思想是将非线性方程 $f(x)=0$ 作泰勒展开，取其线性部分构造的一种迭代格式. 牛顿迭代法实质上是一种线性化方法.

4.4.1 牛顿迭代公式的构造

将 $f(x)=0$ 在初始值 x_0 处作泰勒展开

$$f(x)=f(x_0)+f'(x_0)(x-x_0)+\frac{f''(x_0)}{2!}(x-x_0)^2+\cdots$$

取展开式的线性部分作为 $f(x)\approx 0$ 的近似值，则有

$$f(x_0)+f'(x_0)(x-x_0)\approx 0$$

设 $f'(x_0)\neq 0$，则 $x=x_0-\dfrac{f(x_0)}{f'(x_0)}$，令 $x_1=x_0-\dfrac{f(x_0)}{f'(x_0)}$.

类似地，再将 $f(x)=0$ 在 x_1 作泰勒展开并取其线性部分得到

$$x_2=x_1-\frac{f(x_1)}{f'(x_1)}$$

一直做下去得到牛顿迭代格式

$$x_{k+1}=x_k-\frac{f(x_k)}{f'(x_k)},\ k=1,2,\cdots \tag{4.12}$$

4.4.2 牛顿法的几何意义

牛顿法有明显的几何意义. 方程 $f(x)=0$ 的根 x^* 可解释为曲线 $y=f(x)$ 与 x 轴的交点的横坐标. 设迭代初始值 x_0，以 $f'(x_0)$ 为斜率作过点 $(x_0, f(x_0))$ 的切线，即作 $f(x)$ 在点 x_0 的切线方程

$$y-f(x_0)=f'(x_0)(x-x_0)$$

令 $y=0$，则得此切线与 x 轴的交点 x_1，即

$$x_1=x_0-\frac{f(x_0)}{f'(x_0)}$$

再作 $f(x)$ 在点 $(x_1, f(x_1))$ 处的切线，得交点 x_2，逐步逼近方程的根 x^*. 如图 4.1 所示.

在区域 $[x_0, x_0+h]$ 的局部"以直代曲"是处理非线性问题的常用手法. 在泰勒展开中，截取函数展开的线性部分替代 $f(x)$.

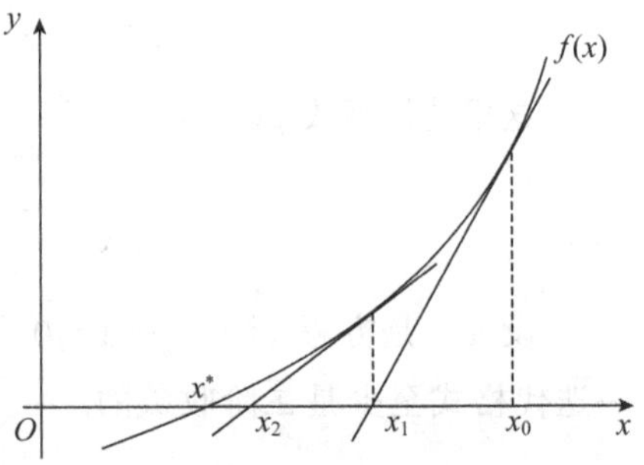

图 4.1 牛顿切线法示意图

4.4.3 牛顿法的收敛性

牛顿迭代格式对应于 $f(x)=0$ 的等价方程是

$$x=\varphi(x)=x-\frac{f(x)}{f'(x)}$$

可以算出 $\varphi'(x)=\dfrac{f(x)f''(x)}{[f'(x)]^2}$

若 x^* 是 $f(x)$ 的单根时，$f(x^*)=0$，$f'(x^*)\neq 0$，则有 $\varphi'(x^*)=0$，于是根据定理4.3，牛顿法在根 x^* 附近至少是一阶收敛的，又因为

$$\varphi''(x^*)=\frac{f''(x^*)}{f'(x^*)}\neq 0$$

$$\lim_{k\to\infty}\frac{x_{k+1}-x^*}{(x_k-x^*)^2}=\lim_{k\to\infty}\frac{\frac{1}{2!}\cdot\varphi''(\xi)(x_k-x^*)^2}{(x_k-x^*)^2}=\frac{1}{2!}\cdot\varphi''(x^*)=\frac{f''(x^*)}{2f'(x^*)}\neq 0$$

可以断定，牛顿法在根 x^* 附近是平方收敛的.

【例 4-5】 用牛顿迭代法求方程 $f(x)=x^3-7.7x^2+19.2x-15.3$ 在 $x_0=1$ 附近的根.

解 由式(4.12)得方程的牛顿迭代格式为

$$x_{k+1}=x_k-\frac{x_k^3-7.7x_k^2+19.2x_k-15.3}{3x_k^2-15.4x_k+19.2}$$

计算结果见表 4.2.

表 4.2 计算结果表

k	x_k	$f(x)$
0	1.00	−2.8
1	1.411 76	−0.727 071
2	1.624 24	−0.145 493
3	1.692 3	−0.0131 682
4	1.699 91	−0.000 151 5
5	1.7	0

4.4.4 上机程序

牛顿法上机程序如下：

```
function out = newton1(f,df, x0, epson, N)
k = 0;
while k < N
  x = x0 - feval(f,x0)/feval(df,x0);
  if  abs(x-x0) < epson
    break;
  end
  x0 = x;
  k = k+1;
end
out = x0;
```

这里，f 和 df 分别表示 f(x) 及其导数，x0 为迭代初值，N 为最大迭代次数，默认为 100，输出结果返回方程的近似根.

对于【例 4-1】，输入下列命令：

```
f=inline('x.^3+ 4* x.^2-10');
df=inline('3* x.^2+ 8* x');
epson=0.0005;
N=100;
x0=1;
y=newton1(f, df, x0, epson, N)
```

仅需迭代 3 次,得到结果:

```
y=1.36523660020212
```

4.4.5 算法评价

牛顿迭代法的优点是收敛速度快，不足之处是每一步都要计算 $f(x_k)$ 和 $f'(x_k)$，计算量较大. 还有初始近似 x_0 只有在 x^* 附近才能保证收敛. 若 x_0 选择不合适,则可能不收敛.

§4.5 弦截法

牛顿法在求 x_{k+1} 时不但要求给出函数值 $f(x_k)$，而且要求提供导数值 $f'(x_k)$. 当函数 f 比较复杂时，提供它的导数值往往是有困难的，为了回避导数值 $f'(x_k)$ 的计算，可以改用差商来代替导数，从而得到了另一种非线性迭代方法 —— 弦截法.

4.5.1 弦截法迭代格式

在牛顿迭代格式中

$$x_{k+1}=x_k-\frac{f(x_k)}{f'(x_k)},k=0,\ 1,\ \cdots$$

用差商 $f[x_{k-1},\ x_k]=\dfrac{f(x_k)-f(x_{k-1})}{x_k-x_{k-1}}$ 代替导数 $f'(x_k)$，并给定两个初始值 x_0 和 x_1，那么迭代格式可写成如下形式

$$x_{k+1}=x_k-\frac{f(x_k)(x_k-x_{k-1})}{f(x_k)-f(x_{k-1})},\ k=1,\ 2,\cdots \tag{4.13}$$

式(4.13) 称为弦截法，也叫割线法.

用弦截法迭代求根，每次只需计算一次函数值，而用牛顿迭代法每次要计算一次函数值和一次导数值. 但弦截法收敛速度稍慢于牛顿迭代法.

4.5.2 弦截法的几何意义

在曲线 $y=f(x)$ 上做过两点$(x_0,\ f(x_0))$和$(x_1,\ f(x_1))$的一条直线(弦)，该直线与 x 轴的交点就是生成的迭代点 x_2，再做过$(x_1,\ f(x_1))$和$(x_2,\ f(x_2))$的一条直线，x_3 是该直线

与 x 轴的交点,逐步逼近非线性方程的根 x^*,如图 4.2 所示.

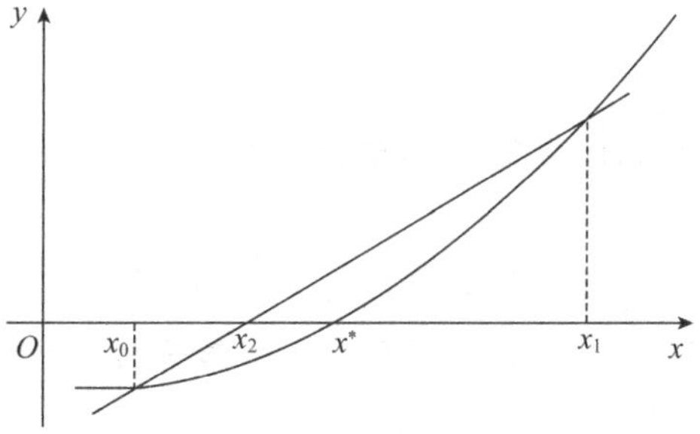

图 4.2 弦截法示意图

4.5.3 弦截法的收敛性

事实上，下面定理断言，弦截法具有超线性的收敛性.

定理 4.4 假设 $f(x)$ 在根 x^* 的邻域 Δ：$|x-x^*|\leqslant\delta$ 内具有二阶连续导数，且对任意 $x\in\Delta$ 有 $f'(x)\neq 0$，又初值 x_0，$x_1\in\Delta$，那么当邻域 Δ 充分小时，弦截法

$$x_{k+1}=x_k-\frac{f(x_k)(x_k-x_{k-1})}{f(x_k)-f(x_{k-1})},\ k=1,\ 2,\cdots$$

将按阶 $p=\dfrac{1+\sqrt{5}}{2}\approx 1.618$ 收敛到根 x^*.

定理证明可见参考文献[3].

【例 4-6】 用弦截法求方程

$$f(x)=x^3-7.7x^2+19.2x-15.3$$

的根，取 $x_0=1.5$，$x_1=4.0$.

解

$$x_{k+1}=x_k-\frac{f(x_k)(x_k-x_{k-1})}{f(x_k)-f(x_{k-1})}$$

计算结果见表 4.3.

表 4.3 计算结果表

k	x_k	$f(x)$
0	1.5	−0.45
1	4	2.3
2	1.909 09	0.248 835
3	1.655 43	−0.080 569 2
4	1.717 48	0.028 745 6
5	1.701 16	0.001 959 02
6	1.699 97	−0.000 053 924 6
7	1.7	$9.459\ 10^{-8}$

4.5.4 上机程序

割线法上机程序如下：

```
function [x,k] = secant(f, x0, x1, epson, N)
k = 0;
while k < N
  x = x1-(x1-x0)* feval(f,x1)/(feval(f, x1)-feval(f, x0))
  if abs(x-x1) < epson
    break;
  end
  x0 = x1; x1 = x;
  k = k+1;
end
```

对于【例 4-1】,输入下列命令：

```
f = inline('x.^3+4* x.^2-10');
epson = 0.0005;
N = 100;
x0 = 1;
x1 = 1.2;
secant(f, x0, x1, epson, N)
```

迭代 4 步,得到方程的解：

```
ans = 1.36523009820767
```

4.5.5 算法评价

弦截法与牛顿法都是线性化方法,但是两者有本质的区别.牛顿法在计算 x_{k+1} 时只用到前一步的值 x_k,而弦截法在求 x_{k+1} 时要用到前面两步的结果 x_k,x_{k-1},因此使用这种方法必须先给出两个开始值 x_0,x_1.弦截法收敛速度也是很快的,具有超线性收敛性质.

§4.6 非线性方程组的牛顿法

非线性方程更多的还是多个变量、多个方程耦合的. 当变量的个数不止一个时，问题则会更复杂. 这里我们给出求解非线性方程组的牛顿法. 首先我们考虑两个方程两个未知数的情形.

4.6.1 二阶非线性方程组的牛顿方法

设二阶方程组

$$\begin{cases} f_1(x, y)=0 \\ f_2(x, y)=0 \end{cases}$$

其中 x，y 为自变量. 为了方便起见，将方程组写成向量形式

$$\boldsymbol{f}(\boldsymbol{w})=\begin{pmatrix} f_1(x, y) \\ f_2(x, y) \end{pmatrix}$$

其中 $\boldsymbol{w}=\begin{pmatrix} x \\ y \end{pmatrix}$.

给定初值(x_0,y_0),将 $f_1(x, y)$，$f_2(x, y)$ 在(x_0,y_0)处作二元泰勒展开，并取其线性部分，得到方程组

$$\begin{cases} f_1(x_0, y_0)+(x-x_0)\dfrac{\partial f_1(x_0, y_0)}{\partial x}+(y-y_0)\dfrac{\partial f_1(x_0, y_0)}{\partial y}=0 \\ f_2(x_0, y_0)+(x-x_0)\dfrac{\partial f_2(x_0, y_0)}{\partial x}+(y-y_0)\dfrac{\partial f_2(x_0, y_0)}{\partial y}=0 \end{cases}$$

令 $x-x_0=\Delta x$，$y-y_0=\Delta y$，则有

$$\begin{cases} \Delta x\dfrac{\partial f_1(x_0, y_0)}{\partial x}+\Delta y\dfrac{\partial f_1(x_0, y_0)}{\partial y}=-f_1(x_0, y_0) \\ \Delta x\dfrac{\partial f_2(x_0, y_0)}{\partial x}+\Delta y\dfrac{\partial f_2(x_0, y_0)}{\partial y}=-f_2(x_0, y_0) \end{cases}$$

解出 Δx，Δy，得

$$\boldsymbol{w}_1=\boldsymbol{w}_0+\begin{pmatrix} \Delta x \\ \Delta y \end{pmatrix}=\begin{pmatrix} x_0+\Delta x \\ y_0+\Delta y \end{pmatrix}=\begin{pmatrix} x_1 \\ y_1 \end{pmatrix}$$

将 $f_1(x_1,y)$,$f_2(x_1,y)$ 在(x_1,y_1)处泰勒展开,取其线性部分.

再列出方程组：

$$\begin{cases} \dfrac{\partial f_1(x_1, y_1)}{\partial x}(x-x_1)+\dfrac{\partial f_1(x_1, y_1)}{\partial y}(y-y_1)=-f_1(x_1, y_1) \\ \dfrac{\partial f_2(x_1, y_1)}{\partial x}(x-x_1)+\dfrac{\partial f_2(x_1, y_1)}{\partial y}(y-y_1)=-f_2(x_1, y_1) \end{cases}$$

解出 $\Delta x=x-x_1$，$\Delta y=y-y_1$，得出

$$\boldsymbol{w}_2=\begin{pmatrix} x_1+\Delta x \\ y_1+\Delta y \end{pmatrix}=\begin{pmatrix} x_1 \\ y_1 \end{pmatrix}$$

继续做下去，每一次迭代都是解一个方程组

$$\boldsymbol{J}(x_k, y_k)\begin{pmatrix} \Delta x \\ \Delta y \end{pmatrix}=\begin{pmatrix} -f_1(x_k, y_k) \\ -f_2(x_k, y_k) \end{pmatrix}$$,其中 $\boldsymbol{J}(x,y)=\begin{pmatrix} \dfrac{\partial f_1}{\partial x} & \dfrac{\partial f_1}{\partial y} \\ \dfrac{\partial f_2}{\partial x} & \dfrac{\partial f_2}{\partial y} \end{pmatrix}$ 为 f 的雅可比矩阵.

$$\Delta x=x_{k+1}-x_k,\ \Delta y=y_{k+1}-y_k$$

即 $x_{k+1}=x_k+\Delta x$，$y_{k+1}=y_k+\Delta y$，直到 $\max(|\Delta x|, |\Delta y|)<\varepsilon$ 为止.

【例 4-7】 求解非线性方程组

$$\begin{cases} f_1(x, y)=4-x^2-y^2=0 \\ f_2(x, y)=1-e^x-y=0 \end{cases}$$

取初始值 $w_0=\begin{pmatrix} 1 \\ -1.7 \end{pmatrix}$.

解 计算雅可比矩阵

$$J(x, y)=\begin{pmatrix} \dfrac{\partial f_1}{\partial x} & \dfrac{\partial f_1}{\partial y} \\ \dfrac{\partial f_2}{\partial x} & \dfrac{\partial f_2}{\partial y} \end{pmatrix}=\begin{pmatrix} -2x & -2y \\ -e^x & -1 \end{pmatrix}$$

代入初值得到

$$J(x_0, y_0)=\begin{pmatrix} -2 & 3.4 \\ -2.718\,28 & -1 \end{pmatrix}$$

$$F(w_0)=\begin{pmatrix} f_1(x_0, y_0) \\ f_2(x_0, y_0) \end{pmatrix}=\begin{pmatrix} 0.11 \\ -0.018\,28 \end{pmatrix}$$

$$\begin{cases} -2\Delta x+3.4\Delta y=-0.11 \\ -2.718\,28\Delta x-\Delta y=0.018\,28 \end{cases}$$

解方程组得到

$$\Delta w=\begin{pmatrix} \Delta x \\ \Delta y \end{pmatrix}=\begin{pmatrix} 0.004\,256 \\ -0.029\,849 \end{pmatrix}$$

所以，$w_1=w_0+\Delta w=\begin{pmatrix} 1 \\ -1.7 \end{pmatrix}+\begin{pmatrix} 0.004\,256 \\ -0.029\,849 \end{pmatrix}=\begin{pmatrix} 1.004\,256 \\ -1.729\,849 \end{pmatrix}$.

继续做下去，直到 $\max(|\Delta x|, |\Delta y|)<10^{-5}$ 时停止.

4.6.2 高阶非线性方程组的牛顿方法

我们将两个变量的非线性方程组推广到多个变量的非线性方程组：

$$\begin{cases} f_1(x_1, \cdots, x_n)=0 \\ \qquad\vdots \\ f_n(x_1, \cdots, x_n)=0 \end{cases} \tag{4.14}$$

记

$$X=(x_1, x_2, \cdots, x_n)^T$$

$$F(X)=(f_1(x_1, x_2, \cdots, x_n), f_2(x_1, x_2, \cdots, x_n), \cdots, f_n(x_1, x_2, \cdots, x_n))^T$$

则非线性方程组(4.14)可以写成

$$F(X)=0 \tag{4.15}$$

将单个方程的牛顿法直接用于方程组(4.15),则可以得到解非线性方程组的牛顿迭代法

$$X^{(k+1)}=X^{(k)}-(F'(X^{(k)}))^{-1}F(X^{(k)}) \tag{4.16}$$

其中

$$F'(X)=\begin{bmatrix} \dfrac{\partial f_1(X)}{\partial x_1} & \dfrac{\partial f_1(X)}{\partial x_2} & \cdots & \dfrac{\partial f_1(X)}{\partial x_n} \\ \dfrac{\partial f_2(X)}{\partial x_1} & \dfrac{\partial f_2(X)}{\partial x_2} & \cdots & \dfrac{\partial f_2(X)}{\partial x_n} \\ \vdots & \vdots & \vdots & \vdots \\ \dfrac{\partial f_n(X)}{\partial x_1} & \dfrac{\partial f_n(X)}{\partial x_2} & \cdots & \dfrac{\partial f_n(X)}{\partial x_n} \end{bmatrix}$$

称 $F'(X)$ 为 $F(X)$ 的雅可比(Jacobi) 矩阵. 计算中采用下列方法计算(4.16)

$$F'(X^{(k)})\Delta X^{(k)}=-F(X^{(k)})$$

$$X^{(k+1)}=X^{(k)}+\Delta X^{(k)}$$

一直做到 $\|\Delta X^{(k)}\|_\infty$小于给定精度为止.

【例 4-8】 求解方程组

$$\begin{cases} f_1(x_1, x_2)=x_1+2x_2-3=0 \\ f_2(x_1, x_2)=2x_1^2+x_2^2-5=0 \end{cases}$$

给定初值 $X^{(0)}=(1.5, 1.0)^{\mathrm{T}}$.

解 先求雅可比矩阵

$$F'(X)=\begin{pmatrix} 1 & 2 \\ 4x_1 & 2x_2 \end{pmatrix}, \quad F'(X)^{-1}=\frac{1}{2x_2-8x_1}\begin{pmatrix} 2x_2 & -2 \\ -4x_1 & 1 \end{pmatrix}$$

用牛顿法得

$$X^{(k+1)}=X^{(k)}-\frac{1}{2x_2^{(k)}-8x_1^{(k)}}\begin{pmatrix} 2x_2^{(k)} & -2 \\ -4x_1^{(k)} & 1 \end{pmatrix}\begin{pmatrix} x_1^{(k)}+2x_2^{(k)}-3 \\ 2(x_1^{(k)})^2+(x_2^{(k)})^2-5 \end{pmatrix}$$

即

$$\begin{cases} x_1^{(k+1)}=x_1^{(k)}-\dfrac{(x_2^{(k)})^2-2(x_1^{(k)})^2-x_1^{(k)}x_2^{(k)}-3x_2^{(k)}+5}{x_2^{(k)}-4x_1^{(k)}} \\ x_2^{(k+1)}=x_2^{(k)}-\dfrac{(x_2^{(k)})^2-2(x_1^{(k)})^2-8x_1^{(k)}x_2^{(k)}+12x_2^{(k)}-5}{2(x_2^{(k)}-4x_1^{(k)})} \end{cases}, \quad k=0, 1, \cdots$$

由 $X^{(0)}=(1.5, 1.0)^{\mathrm{T}}$ 逐次迭代得到

$$x^{(1)}=(1.5, 0.75)^{\mathrm{T}}$$

$$x^{(2)}=(1.488\,095, 0.755\,952)^{\mathrm{T}}$$

$$x^{(3)}=(1.488\,034, 0.755\,983)^{\mathrm{T}}$$

§4.7 上机实验

4.7.1 实验目的

1. 分别用二分法、牛顿法和弦截法求解非线性方程.
2. 学会用 MATLAB 软件求解非线性方程.

4.7.2 实验内容与要求

1. 利用二分法、牛顿法和弦截法分别求解非线性方程,比较三种方法的收敛速度和精度.
2. 利用 MATLAB 中已有的命令计算非线性方程和非线性方程组的根.

(1) 最小二乘法.

格式:fsolve('fun',x0)　% 求方程 fun= 0 在估计值 x0 附近的近似解.

【例 4-9】 求方程 $x-e^{-x}=0$ 的解.

```
>> fc=inline(x-exp(x));
>> x1=fsolve(fc, 0)
x1=0.5671
```

【例 4-10】 求解方程 $5x^2\sin x-e^{-x}=0$,观察知有多解,如何求知?

解 先用命令 fplot('[5* x^2* sin(x) - exp(- x),0]',[0, 10]) 作图 4.3.

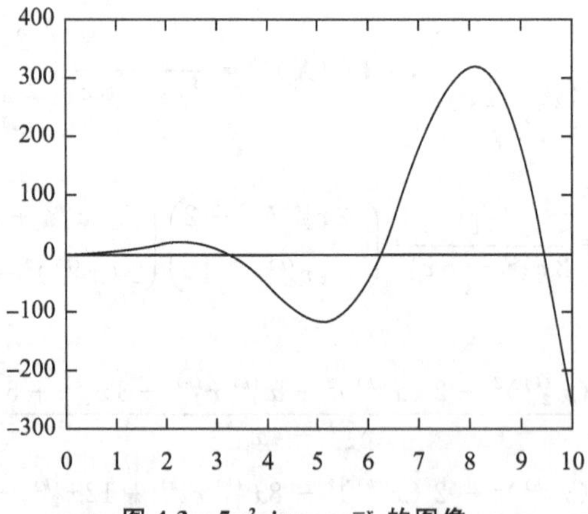

图 4.3 $5x^2\sin x-e^{-x}$ 的图像

方程在[0, 10] 区间从图中可看出有 4 个解,分别在 0,3,6,9 附近,所以用下列命令:

```
>> fun=inline('5* x^2* sin(x) -exp(-x)');
>> y=fsolve(fun, [0, 3, 6, 9], 1e-6);
```

得出结果:

```
y=0518  3.1407  6.2832  9/4248
```

【例 4-11】 求解方程组 $\begin{cases} x-0.7\sin x-0.2\cos y=0 \\ y-0.7\cos x+0.2\sin y=0. \end{cases}$

解 先编制文件 fu.m：

```
function y=fu(x)
y(1)=x(1)-0.7* sin(x(1))-0.2* cons(x(2));
y(2)=x(2)-0.7* cos(x(1))+0.2* sin(x(2));
y=[y(1), y(2)];
```

在命令窗口调用 fu 运算：

```
>>x1=fsolve('fu', [0.5, 0.5])
x1=0.5265    0.5079
```

(2) 零点法.

格式:fzero(f,x0)　　% 求方程 f= 0 在 x0 附近的根.

说明:方程可能有多个根,但 fzero 只给出离 x0 最近的一个根;若 x0 是一个标量,则 fzero 先找出一个包含 x0 的区间,使得 f 在这个区间两个端点上的值异号,然后再在这个区间内寻找方程 f＝0 的根;如果找不到这样的区间,则返回 NaN.若 x0 是一个 2 维向量,则表示在［x0(1), x0(2)］区间内求方程的根,此时必须满足 f 在这两个端点上的值异号.

【例 4-12】 求函数 $f(x)=\dfrac{\sin x^2}{x}+x\mathrm{e}^x-4$ 的零点.

```
>>fn=inline('sin(x^2)/x+x* exp(x)-4')
>>x=fzero(fn,[1,2])% 这里的 fn 不要加单引号
x=1.0748
```

注意 方程解的估计值 x0 可以用 fplot 作图看出;用 funciton 建立函数文件 fn,求解调用时 fn 两边要加单引号,而用 inline 时 fn 两边不要加单引号.

(3) 代数方程的符号解.

s= solve(f,v):求方程关于指定自变量的解;

s= solve(f):求方程关于默认自变量的解.

其中,f 可以是用字符串表示的方程或符号表达式;若 f 中不含等号,则表示解方程 f＝0. solve(f_1, f_2, …, f_N, v_1, v_2, …, v_N) 求解由 f_1, f_2, …, f_N确定的方程组关于 v_1, v_2, …, v_N 的解.

4.7.3 实验题目

1. 分别利用二分法、牛顿法和弦截法程序计算

$$f(x)=x^3-7.7x^2+19.2x-15.3$$

初值为 $x_0=1.5$，$x_2=4.0$，精度为10^{-5}.

2. 利用 MATLAB 已有的命令求解方程 $3x^2-e^x=0$.

习　题

1. 用二分法求方程 $x^2-x-1=0$ 的正根，要求误差小于 0.05.

2. 用牛顿法求解方程 $xe^x-1=0$，要求误差小于 10^{-4}.

3. 为求方程 $x^3-x^2-1=0$ 在 $x_0=1.5$ 附近的一个根，设将方程改写成下列等价形式，并建立相应的迭代公式.

(1) $x=1+\frac{1}{x^2}$，迭代公式 $x_{k+1}=1+\frac{1}{x_k^2}$；

(2) $x^3=1+x^2$，迭代公式 $x_{k+1}=\sqrt[3]{1+x_k^2}$；

(3) $x^2=\frac{1}{x-1}$，迭代公式 $x_{k+1}=\frac{1}{\sqrt{x_k-1}}$.

试分析每种迭代公式的收敛性，并选取一种公式求出具有四位有效数字的近似根.

4. 比较求 $e^x+10x-2=0$ 的根到三位小数所需的计算量：

(1) 在区间 [0, 1] 内用二分法；

(2) 用迭代法 $x_{k+1}=\frac{(2-e^{x_k})}{10}$，取初值 $x_0=0$.

5. 分别用二分法和牛顿法求 $x-\tan x=0$ 的最小正根.

6. 应用牛顿法于方程 $x^3-a=0$，导出立方根$\sqrt[3]{a}$ 的迭代公式，并讨论其收敛性.

7. 求函数 $f(x)=x^3-10x^2+19.68x-10.944$ 的正实根，精度要求 $\varepsilon=10^{-6}$.

8. 用牛顿法解方程组 $\begin{cases}xy=z^2+1\\xyz+y^2=x^2+2\\e^x+z=e^y+3\end{cases}$

第 5 章　解线性方程组的直接法

§ 5.1　引　言

本章讨论线性方程组

$$
\begin{cases}
a_{11}x_1 + a_{12}x_2 + \cdots + a_{1n}x_n = b_1 \\
a_{21}x_1 + a_{22}x_2 + \cdots + a_{2n}x_n = b_2 \\
\qquad\vdots \\
a_{n1}x_1 + a_{n2}x_2 + \cdots + a_{nn}x_n = b_n
\end{cases}
\tag{5.1}
$$

的数值解法.

我们将(5.1) 写成矩阵形式，简记为

$$\boldsymbol{Ax} = \boldsymbol{b}$$

关于线性方程组的解法一般有两大类：

1. 直接法

经过有限次的算术运算，可以求得方程组的精确解(假定计算过程没有舍入误差)，因此又称为精确法. 这种方法通过矩阵约化将原方程组化成为与之等价的三角形方程组或其他形式的可以直接求解的方程组而实现的. 这类算法中最基本的和具有代表性的算法就是高斯消去法，但实际计算中由于舍入误差的存在和影响，因此精确解也是不精确的. 所以一个直接方法只有舍入误差是可以控制的时候才是可行的. 古典的高斯消元法正是在威尔金森(Wilkinson) 1963 年证明了其误差是可以估计之后，才又成为最常用的算法.

本章重点讨论高斯消元法的各种计算格式并且分析它们的计算误差.

2. 迭代法

用某种极限过程去逐步逼近方程组精确解的方法称为迭代法. 迭代法具有计算机的存储单元较少、程序设计简单、原始系数矩阵在计算过程中始终不变等优点，但存在收敛条件和收敛速度问题. 迭代法是解大型稀疏矩阵方程组(尤其是由微分方程离散后得到的大型方程组)的重要方法.

§5.2 消 元 法

5.2.1 三角形方程组的解

形如下面的三角形方程组比较容易求解：

1. 上三角矩阵所对应的线性方程组

$$\begin{cases} u_{11}x_1 + u_{12}x_2 + \cdots + u_{1n}x_n = b_1 \\ \qquad\quad u_{22}x_2 + \cdots + u_{2n}x_n = b_2 \\ \qquad\qquad\qquad \vdots \\ \qquad\qquad\qquad u_{nn}x_n = b_n \end{cases}$$

解为

$$x_n = \frac{b_n}{u_{nn}},\ x_{n-1} = \frac{b_{n-1} - u_{n-1\,n}x_n}{u_{n-1\,n-1}},\ \cdots,\ x_1 = \frac{b_1 - \sum_{j=2}^{n} u_{1j}x_j}{u_{11}}$$

2. 下三角矩阵所对应的线性方程组

$$\begin{cases} l_{11}y_1 = b_1 \\ l_{21}y_1 + l_{22}y_2 = b_2 \\ \qquad\qquad \vdots \\ l_{n1}y_1 + l_{n2}y_2 + \cdots + l_{nn}y_n = b_n \end{cases}$$

解为

$$y_1 = \frac{b_1}{l_{11}},\ y_2 = \frac{b_2 - l_{21}y_1}{l_{22}},\ \cdots,\ y_n = \frac{b_n - \sum_{j=1}^{n-1} l_{nj}y_j}{l_{nn}}$$

以上两种类型的方程组计算量（乘除法的主要部分）都为$\frac{n^2}{2}$. 易看出，当系数矩阵为三角矩阵时，方程组容易求解. 因此，对于一般的线性方程组，我们可以将其转化成等价的三角形方程组来求解.

5.2.2 高斯消去法

1. 高斯消去法计算公式

首先举一个简单的例子来说明消去法的基本思想.

【例 5-1】 用消去法解线性方程组

$$\begin{cases} x_1+x_2+x_3=6 \\ 4x_2-x_3=5 \\ 2x_1-2x_2+x_3=1 \end{cases} \tag{5.2}$$

解　第1步，将方程组(5.2)的第一个方程乘上-2加到第三个方程上去，消去第三个方程中的未知数x_1，得到

$$-4x_2-x_3=-11 \tag{5.3}$$

第2步，将方程组(5.2)的第二个方程加到方程(5.3)上去，消去(5.3)中的未知数x_2，得到与原方程组等价的三角形方程组

$$\begin{cases} x_1+x_2+\ \ x_3\ =6 \\ 4x_2-\ \ x_3\ =5 \\ -2x_3=-6 \end{cases} \tag{5.4}$$

显然，方程组(5.4)是容易求解的，解为$\boldsymbol{x}^*=(1,2,3)^{\mathrm{T}}$.

下面我们按照矩阵变换的观点来描绘消元的过程：上述过程相当于对方程的增广阵作初等行变换

$$(\boldsymbol{A}\vdots\boldsymbol{b})=\begin{pmatrix}1&1&1&6\\0&4&-1&5\\2&-2&1&1\end{pmatrix}\xrightarrow{r_3-2r_1}\begin{pmatrix}1&1&1&6\\0&4&-1&5\\0&-4&-1&-11\end{pmatrix}\xrightarrow{r_3+r_2}\begin{pmatrix}1&1&1&6\\0&4&-1&5\\0&0&-2&-6\end{pmatrix}$$

由此看出，用消去法解方程组的基本思想是用逐次消去未知数的方法把原方程组$\boldsymbol{Ax}=\boldsymbol{b}$化为与其等价的三角形方程组，而求解三角形方程组可用回代的方法求解. 换句话说，上述过程就是用初等行变换将原方程组系数矩阵化为简单形式(上三角矩阵)，从而求解原方程组(5.1)的问题转化为求解简单方程组的问题. 或者说，对系数矩阵$\boldsymbol{A}$施行一些行变换(用一些简单矩阵左乘$\boldsymbol{A}$)将其约化为上三角矩阵，这就是高斯消去法.

下面，依照上述思想推导消元法的一般形式:将方程组(5.1)改为$\boldsymbol{A}^{(1)}\boldsymbol{x}=\boldsymbol{b}^{(1)}$,其中$\boldsymbol{A}^{(1)}=(\boldsymbol{a}_{ij}^{(1)})=(a_{ij})$,$b^{(1)}=\boldsymbol{b}$.

(1) 第1步($k=1$)

设$a_{11}^{(1)}\neq 0$，首先计算乘数

$$m_{i1}=a_{i1}^{(1)}/a_{11}^{(1)},i=2,3,\cdots,n$$

用$-m_{i1}$乘(5.1)的第一个方程，加到第i个($i=2,3,\cdots,n$)方程上，消去(5.1)的从第二个方程到第n个方程中的未知数x_1，得到与(5.1)等价的方程组

$$\begin{cases} a_{11}^{(1)}x_1+a_{12}^{(1)}x_2+\cdots+a_{1n}^{(1)}x_n=b_1^{(1)} \\ a_{22}^{(2)}x_2+\cdots+a_{2n}^{(2)}x_n=b_2^{(2)} \\ \vdots \\ a_{n2}^{(2)}x_2+\cdots+a_{nn}^{(2)}x_n=b_n^{(2)} \end{cases}\Rightarrow\begin{pmatrix}a_{11}^{(1)}&a_{12}^{(1)}&\cdots&a_{1n}^{(1)}\\0&a_{22}^{(2)}&\cdots&a_{2n}^{(2)}\\\vdots&\vdots&&\vdots\\0&a_{n2}^{(2)}&\cdots&a_{nn}^{(2)}\end{pmatrix}\begin{pmatrix}x^1\\x^2\\\vdots\\x^n\end{pmatrix}=\begin{pmatrix}b_1^{(1)}\\b_2^{(2)}\\\vdots\\b_n^{(2)}\end{pmatrix}$$

简记为

$$A^{(2)}x=b^{(2)}$$

其中 $A^{(2)}x=b^{(2)}$ 的元素计算公式为

$$\begin{cases} a_{ij}^{(2)}=a_{ij}^{(1)}-m_{i1}a_{1j}^{(1)} \\ b_i^{(2)}=b_i^{(1)}-m_{i1}b_1^{(1)} \end{cases},\quad i=2,\cdots,n;j=2,\cdots,n$$

(2) 第 k 次消元($k=1,2,\cdots,n-1$)

设上述第 1 步，…，第 $k-1$ 步消元过程计算已经完成，即已计算好与(5.1) 等价的方程组，简记为 $A^{(k)}x=b^{(k)}$，其中

$$\begin{pmatrix} a_{11}^{(1)} & a_{12}^{(1)} & \cdots & a_{1k}^{(1)} & \cdots & a_{1n}^{(1)} \\ & a_{22}^{(2)} & \cdots & a_{2k}^{(2)} & \cdots & a_{2n}^{(2)} \\ & & \ddots & \vdots & & \vdots \\ & & & a_{kk}^{(k)} & \cdots & a_{kn}^{(k)} \\ & & & \vdots & & \vdots \\ & & & a_{nk}^{(k)} & \cdots & a_{nn}^{(k)} \end{pmatrix}\begin{pmatrix} x^1 \\ x^2 \\ \vdots \\ x^k \\ \vdots \\ x^n \end{pmatrix}=\begin{pmatrix} b_1^{(1)} \\ b_2^{(2)} \\ \vdots \\ b_k^{(k)} \\ \vdots \\ b_n^{(k)} \end{pmatrix} \tag{5.5}$$

设 $a_{kk}^{(k)}\neq 0$，计算乘数

$$m_{ik}=a_{ik}^{(k)}/a_{kk}^{(k)},\quad i=k+1,\cdots,n$$

用 $-m_{ik}$ 乘(5.5) 的第 k 个方程加到第 i 个($i=k+1,\cdots,n$) 方程上，消去从第 $k+1$ 个方程到第 n 个方程中的未知数 x_k，得到与(5.1) 等价的方程组 $A^{(k+1)}x=b^{(k+1)}$，其中 $A^{(k+1)}$，$b^{(k+1)}$ 的元素计算公式为

$$\begin{cases} a_{ij}^{(k+1)}=a_{ij}^{(k)}-m_{ik}a_{kj}^{(k)}, & i,j=k+1,\cdots,n \\ b_i^{(k+1)}=b_i^{(k)}-m_{ik}b_k^{(k)}, & i=k+1,\cdots,n \end{cases} \tag{5.6}$$

显然 $A^{(k+1)}$ 中从第 1 行到第 k 行与 $A^{(k)}$ 相同.

(3) 继续上述过程，且设 $a_{kk}^{(k)}\neq 0$ ($k=1,2,\cdots,n-1$)，直到完成第 $n-1$ 步消元计算. 最后得到与原方程组等价的简单方程组 $A^{(n)}x=b^{(n)}$，其中 $A^{(n)}$ 为三角矩阵，即

$$\begin{pmatrix} a_{11}^{(1)} & a_{12}^{(1)} & \cdots & a_{1n}^{(1)} \\ & a_{22}^{(2)} & \cdots & a_{2n}^{(2)} \\ & & \ddots & \vdots \\ & & & a_{nn}^{(n)} \end{pmatrix}\begin{pmatrix} x_1 \\ x_2 \\ \vdots \\ x_n \end{pmatrix}=\begin{pmatrix} b_1^{(1)} \\ b_2^{(2)} \\ \vdots \\ b_n^{(n)} \end{pmatrix} \tag{5.7}$$

由方程组(5.1) 约化为(5.7) 的过程称为消元过程.

如果 A 是非奇异矩阵，且 $a_{kk}^{(k)}\neq 0$ ($k=1,2,\cdots,n-1$)，求解三角形方程组(5.7)，得到求解公式

$$\begin{cases} x_n=b_n^{(n)}/a_{nn}^{(n)} \\ x_k=(b_k^{(k)}-\sum_{j=k+1}^{n}a_{kj}^{(k)}x_j)/a_{kk}^{(k)}, \quad k=n-1,n-2,\cdots,1 \end{cases} \tag{5.8}$$

(5.7) 的求解过程(5.8) 称为回代过程.

注 5.1 设 $\boldsymbol{Ax}=\boldsymbol{b}$，其中 $\boldsymbol{A}\in\mathbf{R}^{n\times n}$ 为非奇异矩阵，如果 $a_{11}^{(1)}=0$，由于 $\boldsymbol{A}$ 为非奇异矩阵，所以 $\boldsymbol{A}$ 的第 1 列一定有元素不等于零，例如 $a_{l1}\neq 0$，于是可交换两行元素(即 $r_1\leftrightarrow r_l$)，将 a_{l1} 调到(1, l) 位置，然后进行消元计算，这时 $\boldsymbol{A}^{(2)}$ 右下角矩阵为 $n-1$ 阶非奇异矩阵，继续这过程，高斯消去法照样可进行计算.

在此基础上，得到顺序高斯消去法的算法步骤.

算法 5.1 (顺序高斯消去法)

第 1 步,输入系数矩阵 $\boldsymbol{A}$，右端项 $\boldsymbol{b}$，置 $k=1$.

第 2 步,消元

$$\begin{cases}m_{ik}=\dfrac{a_{ik}^{(k)}}{a_{kk}^{(k)}}\\ a_{ij}^{(k+1)}=a_{ij}^{(k)}-m_{ik}a_{kj}^{(k)},i=k+1,\cdots,m;j=k+1,\cdots,n\\ b_i^{(k+1)}=b_i^{(k)}-m_{ik}b_k^{(k)},i=k+1,\cdots,m\end{cases}$$

第 3 步,回代

$$\begin{cases}x_n=b_n^{(n)}/a_{nn}^{(n)}\\ x_k=(b_k^{(k)}-\displaystyle\sum_{j=k+1}^{n}a_{kj}^{(k)}x_j)/a_{kk}^{(k)},\quad k=n-1,n-2,\cdots,1\end{cases}$$

下面我们计算高斯消去法的计算量，此处我们只考虑乘除法次数.

在消元过程中，第 $k(k=1,\cdots,n-1)$ 步消元，有

$$(n-k)(n-k+1)+(n-k)=(n-k)(n-k+2)$$

次乘除法，共

$$N_1=\sum_{k=1}^{n-1}(n-k)(n-k+2)=\sum_{i=1}^{n-1}i^2+2i$$

$$\frac{n(n-1)(2n-1)}{6}+n(n-1)=\frac{n(n-1)(2n+5)}{6}$$

次乘除法.

在回代过程中，计算 $x_k(k=n,\cdots,2,1)$ 时，有 $n-k+1$ 次乘除法，共

$$N_2=\sum_{k=1}^{n}n-k+1=\sum_{i=1}^{n}i=\frac{n(n+1)}{2}$$

次乘除法.

消元和回代过程共计

$$N_1+N_2=\frac{n^3}{3}+n^2-\frac{n}{3}$$

次乘除法. 可见，消元过程的计算量为$O(n^3)$，而回代过程的计算量为$O(n^2)$，因此，顺序高斯消元法的计算量主要在消元过程部分.

算法 5.1 要求对所有的 $k=1, \cdots, n$，$a_{kk}^{(k)} \neq 0$，此时，称顺序高斯消去法是可行的，一般将 $a_{kk}^{(k)} \neq 0$ 成为第 k 步消元的主元. 矩阵在什么条件下才能保证 $a_{kk}^{(k)} \neq 0$? 下面的定理给出了这个条件.

定理 5.1 主元素 $a_{ii}^{(i)} \neq 0(i=1, \cdots, k)$ 的充要条件是矩阵 $\boldsymbol{A}$ 的顺序主子式 $D_i \neq 0(i=1, 2, \cdots, k)$. 即

$$D_1 = a_{11} \neq 0,\ D_i = \begin{vmatrix} a_{11} & \cdots & a_{1i} \\ \vdots & & \vdots \\ a_{i1} & \cdots & a_{ii} \end{vmatrix} \neq 0, \quad i=1,2,\cdots,k$$

证明 首先利用归纳法证明定理 5.1 的充分性，显然，当 $k=1$ 时定理的充分性是成立的，现假设定理是 $k-1$ 是成立的，求证定理对 k 亦成立，由归纳法，设有 $D_i \neq 0(i=1, 2, \cdots, k)$，于是可用高斯消去法将 $\boldsymbol{A}^{(1)}=\boldsymbol{A}$ 约化到 $\boldsymbol{A}^{(k)}$ 中，即

$$\boldsymbol{A}^{(1)} \rightarrow \boldsymbol{A}^{(k)} = \begin{bmatrix} a_{11}^{(1)} & a_{12}^{(1)} & \cdots & a_{1k}^{(1)} & \cdots & a_{1n}^{(1)} \\ & a_{22}^{(2)} & \cdots & a_{2k}^{(2)} & \cdots & a_{2n}^{(2)} \\ & & \ddots & \cdots & & \vdots \\ & & & a_{kk}^{(k)} & \cdots & a_{kn}^{(k)} \\ & & & \vdots & & \vdots \\ & & & a_{nk}^{(k)} & \cdots & a_{nn}^{(k)} \end{bmatrix}$$

且有

$$\boldsymbol{D}_2 = \begin{vmatrix} a_{11}^{(1)} & a_{12}^{(1)} \\ & a_{22}^{(2)} \end{vmatrix} = a_{11}^{(1)} a_{22}^{(2)},\ \boldsymbol{D}_3 = a_{11}^{(1)} a_{22}^{(2)} a_{33}^{(3)}$$

$$\boldsymbol{D}_k = \begin{vmatrix} a_{11}^{(1)} & \cdots & a_{1k}^{(1)} \\ & \ddots & \vdots \\ & & a_{kk}^{(k)} \end{vmatrix} = a_{11}^{(1)} a_{22}^{(2)} \cdots a_{kk}^{(k)} \tag{5.9}$$

由设 $\boldsymbol{D}_i \neq 0(i=1, 2, \cdots, k)$ 及式(5.9)，则有 $a_{kk}^{(k)} \neq 0$，即定理的充分性对 k 成立. 显然，由假设 $a_{ii}^{(i)} \neq 0(i=1, \cdots, k)$，利用式(5.9) 可推出 $\boldsymbol{D}_i \neq 0(i=1, 2, \cdots, k)$.

推论 5.1 若 $\boldsymbol{A}$ 的顺序主子式 $D_k \neq 0(k=1, 2, \cdots, n-1)$，则

$$\begin{cases} a_{11}^{(1)} = \boldsymbol{D}_1, \\ a_{kk}^{(k)} = \boldsymbol{D}_k / \boldsymbol{D}_{k-1},\ k=2, 3, \cdots, n \end{cases}$$

2. 高斯列主元消元法

由高斯消去法知道，在消元过程中可能有 $a_{kk}^{(k)}=0$ 的情况，这时消去法将无法进行；即使主元素 $a_{kk}^{(k)} \neq 0$ 但很小时，用其作除数，会导致其他元素数量级的严重增长和舍入误差的扩散，最后也使得计算解不可靠. 即当 $a_{kk}^{(k)}=0$ 时，高斯消元法无法进行，或 $|a_{kk}^{(k)}| \ll 1$ 时，带来舍入误差的扩散.

【例5-2】（小主元）求解方程组 $\begin{cases}0.000\,01x_1+x_2=1.000\,01\\ 2x_1+x_2=3\end{cases}$，用4位浮点数进行计算.

精确解为 $\boldsymbol{x}^*=\begin{bmatrix}1\\1\end{bmatrix}$.

解 **（方法1）** 高斯消去法（用4位有效数字）

$$\bar{A}=\begin{bmatrix}0.100\,0\times10^{-4} & 0.100\,0\times10 & 0.100\,0\times10\\ 0.200\,0\times10 & 0.100\,0\times10 & 0.300\,0\times10\end{bmatrix}$$

$$\xrightarrow{r_2-0.2\times10^6 r_1}\begin{bmatrix}0.100\,0\times10^{-4} & 0.100\,0\times10 & 0.100\,0\times10\\ & -0.200\,0\times10^6 & -0.200\,0\times10^6\end{bmatrix}$$

得到：$x_2=0.100\,0\times10=1$，$x_1=0$（小主元产生了大误差）.

为什么会出现这样的结果呢？显然，计算得到的解 $x_1=0$ 是一个很坏的结果，不能作为方程组的近似解. 其原因是我们在消元计算时用了小主元 0.000 01. 使得约化后的方程组元素数量级大大增长，经再舍入使得在计算(2，2)元素时发生了严重的相消情况，因此经消元后得到的三角形方程组就相当不准确了，所以产生了很大的误差，结果是不能用的.

（方法2） 列主元消元法，先交换行

$$\bar{\boldsymbol{A}}=\begin{bmatrix}0.100\,0\times10^{-4} & 0.100\,0\times10 & 0.100\,0\times10\\ 0.200\,0\times10 & 0.100\,0\times10 & 0.300\,0\times10\end{bmatrix}$$

$$\xrightarrow{r_1\leftrightarrow r_2}\begin{bmatrix}0.200\,0\times10 & 0.100\,0\times10 & 0.300\,0\times10\\ 0.100\,0\times10^{-4} & 0.100\,0\times10 & 0.100\,0\times10\end{bmatrix}$$

$$\xrightarrow{r_2-0.5\times10^{-5}r_1}\begin{bmatrix}0.200\,0\times10 & 0.100\,0\times10 & 0.300\,0\times10\\ & 0.100\,0\times10 & 0.100\,0\times10\end{bmatrix}$$

得到 $x_2=0.100\,0\times10=1$，$x_1=0.100\,0\times10=1$.

这个例子告诉我们，在采用高斯消去法解方程组时，小主元可能产生麻烦，故应避免绝对值小的主元素 $a_{kk}^{(k)}$，对一般矩阵来说，最好每一步选取系数矩阵（或消元后的低阶矩阵）中绝对值最大的元素作为主元素. 下面介绍列主元消去法.

设方程组(5.1)的增广矩阵为

$$\boldsymbol{B}=\left[\begin{array}{cccc|c}a^{11} & a^{12} & \cdots & a_{1n} & b_1\\ a^{21} & a^{22} & \cdots & a_{2n} & b_2\\ \vdots & \vdots & & \vdots & \vdots\\ a^{n1} & a^{n2} & \cdots & a_{nn} & b_n\end{array}\right]$$

首先在 $\boldsymbol{A}$ 的第1列中选取绝对值最大的元素作为主元素，例如

$$|a_{i_1 1}|=\max_{1\leqslant i\leqslant n}|a_{i1}|\neq0,$$

然后交换 $\boldsymbol{B}$ 的第1行与第 i_1 行，经第1次消元计算得

$$(\boldsymbol{A}\,|\,\boldsymbol{b})\rightarrow(\boldsymbol{A}^{(2)}\,|\,\boldsymbol{b}^{(2)})$$

重复上述过程，设已完成第 $k-1$ 步的选主元素，交换两行及消元计算，$(\boldsymbol{A} \mid \boldsymbol{b})$ 约化为

$$(\boldsymbol{A}^{(k)} \mid \boldsymbol{b}^{(k)})=\left[\begin{array}{cccccc|c} a_{11} & a_{12} & \cdots & a_{1k} & \cdots & a_{1n} & b^1 \\ & a_{22} & \cdots & a_{2k} & \cdots & a_{2n} & b^2 \\ & & \ddots & \vdots & & \vdots & \vdots \\ & & & a_{kk} & \cdots & a_{kn} & b^k \\ & & & \vdots & & \vdots & \vdots \\ & & & a_{nk} & \cdots & a_{nn} & b_n \end{array}\right]$$

其中 $\boldsymbol{A}^{(k)}$ 的元素仍记为 a_{ij}，$\boldsymbol{b}^{(k)}$ 的元素仍记为 b_i.

第 k 步的选主元素(在 $\boldsymbol{A}^{(k)}$ 右下角方阵的第 1 列内选)，即确定 i_k，使

$$|a_{i_k k}|=\max_{k \leqslant i \leqslant n}|a_{ik}| \neq 0$$

交换$(\boldsymbol{A}^{(k)} \mid \boldsymbol{b}^{(k)})$ 第 k 行与 $i_k(k=1,2,\cdots,n-1)$ 行的元素，再进行消元计算，最后将原方程组化为

$$\boldsymbol{B} \rightarrow \left[\begin{array}{cccc|c} a_{11} & a_{12} & \cdots & a_{1n} & b_1 \\ & a_{22} & \cdots & a_{2n} & b_2 \\ & & \ddots & \vdots & \vdots \\ & & & a_{nn} & b_n \end{array}\right]$$

回代求解

$$\begin{cases} x_n=b_n/a_{nn} \\ x_i=(b_i-\sum\limits_{j=i+1}^{n} a_{ij}x_j)/a_{nn},\ i=n-1,\cdots,2,1 \end{cases}$$

§5.3 直接分解法

高斯消去法有很多变形，有的是高斯消去法的改进、改写，有的是用于某一类特殊矩阵的高斯消去法的简化. 下面我们将介绍矩阵的直接三角分解法，解特殊方程组用的平方根法及追赶法.

定义 5.1 若 $\boldsymbol{L}$ 为单位下三角矩阵，$\boldsymbol{U}$ 为上三角矩阵，则称 $\boldsymbol{A}=\boldsymbol{LU}$ 为**杜利特尔(Doolittle)分解**；若 $\boldsymbol{L}$ 为下三角矩阵，$\boldsymbol{U}$ 为单位上三角矩阵，则称 $\boldsymbol{A}=\boldsymbol{LU}$ 为**柯朗(Crout) 分解**.

5.3.1 杜利特尔分解

通过高斯消去法得到一个将 $\boldsymbol{A}$ 分解为一个单位下三角矩阵 $\boldsymbol{L}$ 和一个上三角矩阵 $\boldsymbol{U}$ 的乘积

$\boldsymbol{A}=\boldsymbol{LU}$，其中

$$\boldsymbol{L}=\begin{pmatrix}1 & & & & \\ m_{21} & 1 & & & \\ m_{31} & m_{32} & \ddots & & \\ \vdots & \vdots & \ddots & 1 & \\ m_{n1} & m_{n2} & \cdots & m_{n,n-1} & 1\end{pmatrix},\ \boldsymbol{U}=\boldsymbol{A}^{(n)}=\begin{pmatrix}a_{11}^{(1)} & a_{12}^{(1)} & \cdots & a_{1n-1}^{(1)} & a_{1n}^{(1)} \\ & a_{22}^{(2)} & \cdots & a_{2n-1}^{(2)} & a_{2n}^{(2)} \\ & & \ddots & \vdots & \vdots \\ & & & a_{n-1,n-1}^{(n-1)} & a_{n-1,n}^{(n-1)} \\ & & & & a_{nn}^{(n)}\end{pmatrix}$$

可以证明得到这种分解是唯一的.

我们也可以直接从矩阵 $\boldsymbol{A}$ 的元素得到计算 $\boldsymbol{L}$，$\boldsymbol{U}$ 元素的递推公式，而不需要任何中间步骤，这就是所谓直接三角分解法. 一旦实现了矩阵 $\boldsymbol{A}$ 的 $\boldsymbol{LU}$ 分解，那么求解 $\boldsymbol{Ax}=\boldsymbol{b}$ 的问题就等价于求两个三角形方程组，即

① $\boldsymbol{Ly}=\boldsymbol{b}$，求 $\boldsymbol{y}$；

② $\boldsymbol{Ux}=\boldsymbol{y}$，求 $\boldsymbol{x}$.

设 $\boldsymbol{A}$ 为非奇异矩阵，且有分解式 $\boldsymbol{A}=\boldsymbol{LU}$，其中 $\boldsymbol{L}$ 为单位下三角矩阵，$\boldsymbol{U}$ 为上三角矩阵，即

$$\boldsymbol{A}=\begin{bmatrix}1 & & & & \\ l_{21} & 1 & & & \\ l_{31} & l_{32} & 1 & & \\ \vdots & \vdots & \vdots & \ddots & \\ l_{n1} & l_{n2} & l_{n3} & \cdots & 1\end{bmatrix}\begin{bmatrix}u_{11} & u_{12} & u_{13} & \cdots & u_{1n} \\ & u_{22} & u_{23} & \cdots & u_{2n} \\ & & u_{33} & \cdots & u_{3n} \\ & & & \ddots & \vdots \\ & & & & u_{nn}\end{bmatrix} \tag{5.10}$$

其中

$$\boldsymbol{L}=\begin{bmatrix}1 & & & & \\ l_{21} & 1 & & & \\ l_{31} & l_{32} & 1 & & \\ \vdots & \vdots & \vdots & \ddots & \\ l_{n1} & l_{n2} & l_{n3} & \cdots & 1\end{bmatrix},\ \boldsymbol{U}=\begin{bmatrix}u_{11} & u_{12} & u_{13} & \cdots & u_{1n} \\ & u_{22} & u_{23} & \cdots & u_{2n} \\ & & u_{33} & \cdots & u_{3n} \\ & & & \ddots & \vdots \\ & & & & u_{nn}\end{bmatrix}$$

按下列步骤计算 $\boldsymbol{L}$ 和 $\boldsymbol{U}$ 的元素：

第 1 步：计算 $\boldsymbol{U}$ 的第 1 行元素和 $\boldsymbol{L}$ 的第 1 列元素

$$u_{1j}=a_{1j},\quad j=1,2,\cdots,n,\quad l_{i1}=\frac{a_{i1}}{u_{11}},\quad i=2,3,\cdots,n$$

第 2 步：计算 $\boldsymbol{U}$ 的第 2 行元素和 $\boldsymbol{L}$ 的第 2 列元素

第 3 步：若已算出 $\boldsymbol{U}$ 的前 $k-1$ 行，$\boldsymbol{L}$ 的 $k-1$ 列元素，计算 $\boldsymbol{U}$ 的第 k 行元素和 $\boldsymbol{L}$ 的第 k 列元素，由

$$a_{kj}=\sum_{s=1}^{k-1}l_{ks}u_{sj}+u_{kj},\quad j=k,\ k+1,\ \cdots,\ n$$

$$a_{ik}=\sum_{s=1}^{k-1}l_{is}u_{sk}+l_{ik}u_{kk},\quad i=k+1,\ k+2,\ \cdots,\ n$$

得

$$\begin{cases}u_{kj}=a_{kj}-\sum\limits_{s=1}^{k-1}l_{ks}u_{sj}, & j=k,\ k+1,\ \cdots,\ n\\ l_{ik}=\left(a_{ik}-\sum\limits_{s=1}^{k-1}l_{is}u_{sk}\right)/u_{kk}, & i=k+1,\ k+2,\ \cdots,\ n\end{cases}$$

有了矩阵 $\boldsymbol{A}$ 的 $\boldsymbol{LU}$ 分解计算公式，解线性方程组

$$\boldsymbol{Ax}=\boldsymbol{b}$$

就转化为依次解下三角方程组 $\boldsymbol{Ly}=\boldsymbol{b}$ 与上三角方程组 $\boldsymbol{Ux}=\boldsymbol{y}$.

$\boldsymbol{LU}$ 分解的计算公式如下

$$\begin{cases}y_k=b_k-\sum\limits_{s=1}^{k-1}l_{ks}y_s, & k=1,\ 2,\ \cdots,\ n\\ x_k=\left(y_k-\sum\limits_{s=K+1}^{n}u_{ks}x_s\right)/u_{kk}, & k=n,\ n-1,\ \cdots,\ 1\end{cases}$$

5.3.2 追赶法

在一些实际问题中，例如解常微分方程边值问题、解热传导方程及船体数学放样中建立三次样条插值函数，都会要求解系数矩阵为对角占优的三对角线方程组 $\boldsymbol{Ax}=\boldsymbol{f}$，即

$$\begin{pmatrix}b_1 & c_1 & & & \\ a_2 & b_2 & c_2 & & \\ & \ddots & \ddots & \ddots & \\ & & a_{n-1} & b_{n-1} & c_{n-1}\\ & & & a_n & b_n\end{pmatrix}\begin{pmatrix}x_1\\ x_2\\ \vdots\\ x_{n-1}\\ x_n\end{pmatrix}=\begin{pmatrix}f_1\\ f_2\\ \vdots\\ f_{n-1}\\ f_n\end{pmatrix}$$

其中，当 $|i-j|>1$ 时，$a_{ij}=0$，且满足如下的对角占优条件：

① $|b_1|>|c_1|>0$；

② $|b_i|\geqslant|a_i|+|c_i|$，$a_i,\ c_i\neq 0\ (i=2,\ 3,\ \cdots,\ n-1)$；

③ $|b_n|>|a_n|>0$.

我们利用矩阵的直接三角分解法来推导解三对角线方程组的计算公式. 由系数阵 $\boldsymbol{A}$ 的特点，可以将 $\boldsymbol{A}$ 分解为两个三角矩阵的乘积，即

$$\boldsymbol{A}=\boldsymbol{LU}$$

其中取 $\boldsymbol{L}$ 为下三角矩阵，取 $\boldsymbol{U}$ 为单位上三角矩阵，这样求解方程组 $\boldsymbol{Ax}=\boldsymbol{f}$ 的方法称为追赶法. 设

$$\boldsymbol{A}=\begin{pmatrix} b_1 & c_1 & & & \\ a_2 & b_2 & c_2 & & \\ & \ddots & \ddots & \ddots & \\ & & a_{n-1} & b_{n-1} & c_{n-1} \\ & & & a_n & b_n \end{pmatrix}=\begin{pmatrix} \alpha_1 & & & & \\ \gamma_2 & \alpha_2 & & & \\ & & \ddots & & \\ & & \gamma_{n-1} & \alpha_{n-1} & \\ & & & \gamma_n & \alpha_n \end{pmatrix}\begin{pmatrix} 1 & \beta_1 & & & \\ & 1 & \beta_2 & & \\ & & 1 & \ddots & \\ & & & \ddots & \beta_{n-1} \\ & & & & 1 \end{pmatrix}$$

其中 α_i，β_i，γ_i 为待定系数，比较上式两边即得

$$\begin{cases} b_1=\alpha_1 \\ a_i=\gamma_i,\ b_i=\gamma_i\beta_{i-1}+\alpha_i,\ i=2, 3, \cdots, n \\ c_i=\alpha_i\beta_i,\ i=1, 2, \cdots, n-1 \end{cases}$$

因此，求解 $\boldsymbol{Ax}=\boldsymbol{f}$ 等价于求解两个三角形方程组：

① $\boldsymbol{Ly}=\boldsymbol{f}$，求 $\boldsymbol{y}$；

② $\boldsymbol{Ux}=\boldsymbol{y}$，求 $\boldsymbol{x}$.

从而得到解三对角线方程组的追赶法公式.追赶法的计算公式如下：

(1) 计算$\{\alpha_i\}$，$\{\beta_i\}$的递推公式

$$\beta_1=c_1/b_1$$

$$\alpha_i=b_i-a_i\beta_{i-1},\quad i=2, \cdots, n$$

$$\beta_i=c_i/(b_i-a_i\beta_{i-1}),\quad i=2, 3, \cdots, n-1$$

(2) 解 $\boldsymbol{Ly}=\boldsymbol{f}$

$$y_1=f_1/b_1$$

$$y_i=(f_i-a_iy_{i-1})/(b_i-a_i\beta_{i-1}),\quad i=2, 3, \cdots, n$$

(3) 解 $\boldsymbol{Ux}=\boldsymbol{y}$

$$x_n=y_n, x_i=y_i-\beta_ix_{i+1},\quad i=n-1, \cdots, 2, 1$$

我们将计算系数 $\beta_1\to\beta_2\to\cdots\to\beta_{n-1}$ 及 $y_1\to y_2\to\cdots\to y_n$ 的过程称为追的过程，将计算方程组的解 $x_n\to x_{n-1}\to\cdots\to x_1$ 的过程称为赶的过程. 因此该方法称为追赶法.

5.3.3 平方根法

实际问题中 $\boldsymbol{Ax}=\boldsymbol{b}$，系数矩阵 $\boldsymbol{A}$ 大多是对称正定矩阵，所谓平方根法，就是利用对称正定矩阵的三角分解而得到求解对称正定方程组的一种有效方法，目前在计算机上广泛应用平方根法解此类方程组.

对称矩阵的 $\boldsymbol{LDL}^{\mathrm{T}}$ 分解法：当 $\boldsymbol{A}$ 为对称矩阵，且其顺序主子式均不为零时，可以证明 $\boldsymbol{A}$ 有唯一的 $\boldsymbol{LU}$ 分解式(5.10). 为了利用 $\boldsymbol{A}$ 的对称性，将 $\boldsymbol{U}$ 再分解为

$$U=\begin{bmatrix} u & & & \\ & u & & \\ & & \ddots & \\ & & & u_{nn} \end{bmatrix}\begin{bmatrix} 1 & \frac{u_{12}}{u_{11}} & \cdots & \frac{u_{1n}}{u_{11}} \\ & 1 & \cdots & \frac{u_{2n}}{u_{22}} \\ & & \ddots & \vdots \\ & & & 1 \end{bmatrix} \triangleq DU_0$$

其中 D 为对角矩阵，U_0 为上三角矩阵，于是

$$A=LU=LDU_0$$

又

$$A=A^{\mathrm{T}}=U_0^{\mathrm{T}}DL^{\mathrm{T}} \tag{5.11}$$

由分解的唯一性即得

$$U_0^{\mathrm{T}}=L$$

代入式(5.11)得到对称矩阵 A 的分解式 $A=LDL^{\mathrm{T}}$. 总结上述讨论有下面定理：

定理 5.2 （对称矩阵的三角分解定理）设 A 为 n 阶对称矩阵，且 A 的各阶顺序主子式均不为零，则 A 可以唯一分解为

$$A=LDL^{\mathrm{T}}$$

其中 L 是单位下三角矩阵，D 是对角矩阵.

推论 5.2 若 A 为对称正定矩阵，则 A 的分解式 $A=LDL^{\mathrm{T}}$ 中 D 的对角元素 d_i 均为正数.

事实上，由 A 的对称正定性，推论 5.2 成立，即

$$d_1=D_1>0,\ d_i=D_i/D_{i-1}>0,\ i=2, 3, \cdots, n$$

于是有

$$D=\begin{pmatrix} d_1 & & \\ & \ddots & \\ & & d_n \end{pmatrix}=\begin{pmatrix} \sqrt{d_1} & & \\ & \ddots & \\ & & \sqrt{d_n} \end{pmatrix}\begin{pmatrix} \sqrt{d_1} & & \\ & \ddots & \\ & & \sqrt{d_n} \end{pmatrix}=D^{\frac{1}{2}}D^{\frac{1}{2}}$$

由定理 5.2 得到

$$A=LDL^{\mathrm{T}}=LD^{\frac{1}{2}}D^{\frac{1}{2}}L^{\mathrm{T}}=(LD^{\frac{1}{2}})(LD^{\frac{1}{2}})^{\mathrm{T}}=L_1L_1^{\mathrm{T}}$$

其中 $L_1=LD^{1/2}$ 为下三角矩阵.

定理 5.3 （对称正定矩阵的三角分解或乔列斯基(Cholesky)分解） 若 A 为 n 阶对称正定矩阵，则存在一个实的非奇异下三角矩阵 L 使 $A=LL^{\mathrm{T}}$，当限定 L 的对角元素为正时，这种分解是唯一的.

下面我们用直接分解方法来确定计算 L 元素的递推公式，因为

$$A=\begin{pmatrix} l_{11} & & & \\ l_{21} & l_{22} & & \\ \vdots & \vdots & \ddots & \\ l_{n1} & l_{n2} & \cdots & l_{nn} \end{pmatrix}\begin{pmatrix} l_{11} & l_{21} & \cdots & l_{n1} \\ & l_{22} & \cdots & l_{n2} \\ & & \ddots & \vdots \\ & & & l_{nn} \end{pmatrix}$$

其中 $l_{ii}>0(i=1,2,\cdots,n)$. 由矩阵乘法及 $l_{jk}=0$(当 $j<k$ 时)，得

$$a_{ij}=\sum_{k=1}^{n}l_{ik}l_{jk}=\sum_{k=1}^{j-1}l_{ik}l_{jk}+l_{ij}l_{jj}$$

于是得到解对称正定方程组 $\boldsymbol{Ax}=\boldsymbol{b}$ 的平方根法计算公式：

$$(1)\ l_{jj}=\left(a_{jj}-\sum_{k=1}^{j-1}l_{jk}^{2}\right)^{\frac{1}{2}}(j=1,2,\cdots,n) \tag{5.12}$$

$$(2)\ l_{ij}=\left(a_{ij}-\sum_{k=1}^{j-1}l_{ik}l_{jk}\right)/l_{jj}(i=j+1,\cdots,n;j=1,2,\cdots,n). \tag{5.13}$$

求解 $\boldsymbol{Ax}=\boldsymbol{b}$，即求解两个三角形方程组：

① $\boldsymbol{Ly}=\boldsymbol{b}$，求 $\boldsymbol{y}$；

② $\boldsymbol{L}^{\mathrm{T}}\boldsymbol{x}=\boldsymbol{y}$，求 $\boldsymbol{x}$.

其计算公式为：

$$(3)\ y_i=\left(b_i-\sum_{k=1}^{i-1}l_{ik}y_k\right)/l_{ii}(i=1,2,\cdots,n).$$

$$(4)\ x_i=\left(y_i-\sum_{k=i+1}^{n}l_{ki}x_k\right)/l_{ii}(i=n,n-1,\cdots,1).$$

我们可以计算出平方根法的计算量. 当求出 $\boldsymbol{L}$ 的第 j 列元素时，$\boldsymbol{L}^{\mathrm{T}}$ 的第 j 行元素亦算出. 所以平方根约需 $n^3/6$ 次乘除法，大约为一般直接 $\boldsymbol{LU}$ 分解法计算量的一半.

【例 5-3】 用平方根法求解对称正定方程组

$$\begin{pmatrix}4&-1&1\\-1&4.25&2.75\\1&2.75&3.5\end{pmatrix}\begin{pmatrix}x_1\\x_2\\x_3\end{pmatrix}=\begin{pmatrix}4\\6\\7.25\end{pmatrix}$$

解 首先对 $\boldsymbol{A}$ 进行 Cholesky 分解

$$\boldsymbol{A}=\boldsymbol{LL}^{\mathrm{T}}=\begin{pmatrix}2&0&0\\-0.5&2&0\\0.5&1.5&1\end{pmatrix}\begin{pmatrix}2&-0.5&0.5\\0&2&1.5\\0&0&1\end{pmatrix}$$

求解 $\boldsymbol{Ly}=\boldsymbol{b}$，得 $y_1=2$，$y_2=3.5$，$y_3=1$.

求解 $\boldsymbol{L}^{\mathrm{T}}\boldsymbol{x}=\boldsymbol{y}$，得 $x_1=1$，$x_2=1$，$x_3=1$.

由式(5.12)看出，用平方根法解对称正定方程组时，计算 $\boldsymbol{L}$ 的元素 l_{jj} 需要用到开方运算. 为了避免开方，我们下面用定理 5.2 的分解式

$$\boldsymbol{A}=\boldsymbol{LDL}^{\mathrm{T}}$$

即

$$\boldsymbol{A}=\boldsymbol{LDL}^{\mathrm{T}}=\begin{bmatrix}1&&&\\l_{21}&1&&\\\vdots&\vdots&\ddots&\\l_{n1}&l_{n2}&\cdots&1\end{bmatrix}\begin{bmatrix}d_1&&&\\&d_2&&\\&&\ddots&\\&&&d_n\end{bmatrix}\begin{bmatrix}1&l_{21}&\cdots&l_{n1}\\&1&\cdots&l_{n2}\\&&\ddots&\vdots\\&&&1\end{bmatrix}$$

由矩阵乘法，并注意 $l_{jj}=1$，$l_{jk}=0(j<k)$，得

$$a_{ij}=\sum_{k=1}^{n}(\boldsymbol{LD})_{ik}(\boldsymbol{L}^{\mathrm{T}})_{kj}=\sum_{k=1}^{n}l_{ik}d_k l_{jk}=\sum_{k=1}^{j-1}l_{ik}d_k l_{jk}+l_{ij}d_j l_{jj}$$

于是得到 $\boldsymbol{L}$ 的元素及 $\boldsymbol{D}$ 的对角元素公式，对于 $i=1, 2, \cdots, n$，有：

(1) $l_{ij}=(a_{ij}-\sum_{k=1}^{j-1}l_{ik}d_k l_{jk})/d_j(j=1, 2, \cdots, i-1)$；

(2) $d_i=a_{ii}-\sum_{k=1}^{i-1}l_{ik}^2 d_k$.

§5.4 直接法的舍入误差分析

考虑线性方程组

$$\boldsymbol{Ax}=\boldsymbol{b}$$

其中设 $\boldsymbol{A}$ 为非奇异矩阵，$\boldsymbol{x}$ 为方程组的精确解.

由于 $\boldsymbol{A}$(或 $\boldsymbol{b}$) 元素是测量得到的，或者是计算的结果，在第一种情况 $\boldsymbol{A}$(或 $\boldsymbol{b}$) 常带有某些观测误差，在后一种情况 $\boldsymbol{A}$(或 $\boldsymbol{b}$) 又包含有舍入误差. 因此我们处理的实际矩阵是 $\boldsymbol{A}+\delta\boldsymbol{A}$(或 $\boldsymbol{b}+\delta\boldsymbol{b}$)，下面我们来研究数据 $\boldsymbol{A}$(或 $\boldsymbol{b}$) 的微小误差对解的影响. 即考虑估计 $\boldsymbol{x}-\boldsymbol{y}$，其中 $\boldsymbol{y}$ 是 $(\boldsymbol{A}+\delta\boldsymbol{A})\boldsymbol{y}=\boldsymbol{b}$ 的解.

首先考察一个例子.

【例 5-4】 设有方程组

$$\begin{pmatrix}1 & 1\\ 1 & 1.0001\end{pmatrix}\begin{pmatrix}x_1\\ x_2\end{pmatrix}=\begin{pmatrix}2\\ 2\end{pmatrix} \tag{5.14}$$

记为 $\boldsymbol{Ax}=\boldsymbol{b}$，它的精确解为 $\boldsymbol{x}=(2, 0)^{\mathrm{T}}$.

现在考虑常数项的微小变化对方程组解的影响，即考察方程组

$$\begin{pmatrix}1 & 1\\ 1 & 1.0001\end{pmatrix}\begin{pmatrix}y_1\\ y_2\end{pmatrix}=\begin{pmatrix}2\\ 2.0001\end{pmatrix} \tag{5.15}$$

也可表示为 $(\boldsymbol{A}+\delta\boldsymbol{A})\boldsymbol{x}=\boldsymbol{b}+\delta\boldsymbol{b}$，其中 $\delta\boldsymbol{b}=(0, 0.0001)^{\mathrm{T}}$，$\boldsymbol{y}=\boldsymbol{x}+\delta\boldsymbol{x}$，$\boldsymbol{x}$ 为式(5.14) 的解. 显然方程组(5.15) 的解为 $\boldsymbol{x}+\delta\boldsymbol{x}=(1, 1)^{\mathrm{T}}$.

我们看到(5.14) 的常数项 $\boldsymbol{b}$ 的第 2 个分量只有 1/10 000 的微小变化，方程组的解却变化很大. 这样的方程组称为病态方程组.

定义 5.2 若矩阵 $\boldsymbol{A}$ 或常数项 $\boldsymbol{b}$ 的微小变化(小扰动)，引起方程组 $\boldsymbol{Ax}=\boldsymbol{b}$ 解的巨大变化，则称此方程组为**“病态”方程组**，其系数矩阵 $\boldsymbol{A}$ 称为“病态”矩阵(相对于方程组而言)，否则称方程组为**“良态”方程组**，$\boldsymbol{A}$ 称为**“良态”矩阵**.

应该注意，矩阵的“病态”性质是矩阵本身的特性，下面我们希望找出刻画矩阵“病态”性

质的量. 设有方程组(5.1)，$\boldsymbol{x}$ 为其精确解. 以下我们研究方程组的系数矩阵 $\boldsymbol{A}$(或 $\boldsymbol{b}$) 的微小误差(小扰动) 时对解的影响.

(1) 现设 $\boldsymbol{A}$ 是精确的，$\boldsymbol{x}$ 为 $\boldsymbol{Ax}=\boldsymbol{b}$ 的精确解，当方程组右端有误差 $\delta\boldsymbol{b}$，受扰解为 $\boldsymbol{x}+\delta\boldsymbol{x}$，则

$$\boldsymbol{A}(\boldsymbol{x}+\delta\boldsymbol{x})=\boldsymbol{b}+\delta\boldsymbol{b}\text{，由 }\boldsymbol{Ax}=\boldsymbol{b}\text{ 得到 }\delta\boldsymbol{x}=\boldsymbol{A}^{-1}\delta\boldsymbol{b}$$

$$\|\delta\boldsymbol{x}\|\leqslant\|\boldsymbol{A}^{-1}\|\|\delta\boldsymbol{b}\|$$

由 $\boldsymbol{Ax}=\boldsymbol{b}$ 有

$$\|\boldsymbol{b}\|\leqslant\|\boldsymbol{A}\|\|\boldsymbol{x}\|$$

$$\frac{1}{\|\boldsymbol{x}\|}\leqslant\frac{\|\boldsymbol{A}\|}{\|\boldsymbol{b}\|}(\text{设 }\boldsymbol{b}\neq\boldsymbol{0})$$

于是得下面的定理：

定理 5.4 设 $\boldsymbol{A}$ 是非奇异矩阵，$\boldsymbol{Ax}=\boldsymbol{b}\neq\boldsymbol{0}$，且

$$\boldsymbol{A}(\boldsymbol{x}+\delta\boldsymbol{x})=\boldsymbol{b}+\delta\boldsymbol{b}$$

则

$$\frac{\|\delta\boldsymbol{x}\|}{\|\boldsymbol{x}\|}\leqslant\|\boldsymbol{A}^{-1}\|\|\boldsymbol{A}\|\frac{\|\delta\boldsymbol{b}\|}{\|\boldsymbol{b}\|}$$

上式给出了解 $\boldsymbol{x}$ 的相对误差的上界，常数项 $\boldsymbol{b}$ 的相对误差在解中放大 $\|\boldsymbol{A}^{-1}\|\|\boldsymbol{A}\|$ 倍.

(2) 现设 $\boldsymbol{b}$ 是精确的，当 $\boldsymbol{A}$ 有微小误差(小扰动)$\delta\boldsymbol{A}$，受扰解为 $\boldsymbol{x}+\delta\boldsymbol{x}$，则

$$(\boldsymbol{A}+\delta\boldsymbol{A})(\boldsymbol{x}+\delta\boldsymbol{x})=\boldsymbol{b}$$

$$(\boldsymbol{A}+\delta\boldsymbol{A})\delta\boldsymbol{x}=-(\delta\boldsymbol{A})\boldsymbol{x} \tag{5.16}$$

如果 $\delta\boldsymbol{A}$ 不受限制的话，可能 $\boldsymbol{A}+\delta\boldsymbol{A}$ 奇异，而

$$(\boldsymbol{A}+\delta\boldsymbol{A})=\boldsymbol{A}(\boldsymbol{I}+\boldsymbol{A}^{-1}\delta\boldsymbol{A})$$

由第 1 章中定理 1.4 可知，$\|\boldsymbol{A}^{-1}\delta\boldsymbol{A}\|<1$ 时，$(\boldsymbol{I}+\boldsymbol{A}^{-1}\delta\boldsymbol{A})^{-1}$ 存在，由式(5.16) 可知

$$\delta\boldsymbol{x}=-(\boldsymbol{I}+\boldsymbol{A}^{-1}\delta\boldsymbol{A})^{-1}\boldsymbol{A}^{-1}(\delta\boldsymbol{A})\boldsymbol{x}.$$

因此

$$\|\delta\boldsymbol{x}\|\leqslant\frac{\|\boldsymbol{A}^{-1}\|\|\delta\boldsymbol{A}\|\|\boldsymbol{x}\|}{1-\|\boldsymbol{A}^{-1}(\delta\boldsymbol{A})\|}$$

设 $\|\boldsymbol{A}^{-1}\|\|\delta\boldsymbol{A}\|<1$，即得

$$\frac{\|\delta\boldsymbol{x}\|}{\|\boldsymbol{x}\|}\leqslant\frac{\|\boldsymbol{A}^{-1}\|\|\boldsymbol{A}\|\dfrac{\|\delta\boldsymbol{A}\|}{\|\boldsymbol{A}\|}}{1-\|\boldsymbol{A}^{-1}\|\|\boldsymbol{A}\|\dfrac{\|\delta\boldsymbol{A}\|}{\|\boldsymbol{A}\|}} \tag{5.17}$$

定理 5.5 设 $\boldsymbol{A}$ 是非奇异矩阵，$\boldsymbol{Ax}=\boldsymbol{b}\neq\boldsymbol{0}$，且

$$(\boldsymbol{A}+\delta\boldsymbol{A})(\boldsymbol{x}+\delta\boldsymbol{x})=\boldsymbol{b}$$

若 $\|\boldsymbol{A}^{-1}\|\|\delta\boldsymbol{A}\|<1$，则式(5.17) 成立.

如果 $\delta\boldsymbol{A}$ 充分小，且在条件 $\|\boldsymbol{A}^{-1}\|\|\delta\boldsymbol{A}\|<1$ 下，那么式(5.17) 说明矩阵 $\boldsymbol{A}$ 的相对误差 $\|\delta\boldsymbol{A}\|/\|\boldsymbol{A}\|$ 在解中可能放大 $\|\boldsymbol{A}^{-1}\|\cdot\|\boldsymbol{A}\|$ 倍.

总之，量 $\|A^{-1}\|\cdot\|A\|$ 越小，由 A（或 b）的相对误差引起的解的相对误差就越小；量 $\|A^{-1}\|\cdot\|A\|$ 越大，解的相对误差就可能越大. 所以量 $\|A^{-1}\|\cdot\|A\|$ 事实上刻画了解对原始数据变化的灵敏程度，即刻画了方程组的“病态”程度，于是引进下述定义：

定义 5.3 设 A 是非奇异矩阵，称数

$$\mathrm{cond}(A)_\nu=\|A^{-1}\|_\nu\ \|A\|_\nu(\nu=1,\ 2\ \text{或}\infty)$$

为矩阵 A 的条件数.

矩阵的条件数是一个十分重要的概念. 由上面讨论知，当 A 的条件数相对的大，即 $\mathrm{cond}(A)\gg 1$ 时，则方程组(5.1)是“病态”的(即 A 是“病态”矩阵，或者说 A 是坏条件的，相对于方程组)，当 A 的条件数相对的小，则式(5.3)是“良态”的(或者说 A 是好条件的). 注意，方程组病态性质是方程组本身的特性. A 的条件数越大，方程组的病态程度越严重，也就越难用一般的计算方法求得比较准确的解.

例如对前面【例 5-3】的矩阵作分析

$$A=\begin{pmatrix}1 & 1\\ 1 & 1.0001\end{pmatrix}\text{，有 } A^{-1}=\frac{1}{0.0001}\begin{pmatrix}1.0001 & -1\\ -1 & 1\end{pmatrix}$$

计算其条件数

$$\begin{aligned}\mathrm{cond}\,(A)_1 &=\|A\|_1\cdot\|A^{-1}\|_1\\ &=2.0001\times 2.0001\times 10^4>40\,000\end{aligned}$$

由于条件数 $\mathrm{cond}(A)_1$ 很大，可见矩阵 A 的病态程度十分严重，故由此方程组的解误差非常大.

通常使用的条件数，有：

(1) $\mathrm{cond}(A)_\infty=\|A^{-1}\|_\infty\ \|A\|_\infty$；

(2) A 的谱条件数 $\mathrm{cond}(A)_2=\|A^{-1}\|_2\ \|A\|_2=\sqrt{\dfrac{\lambda_{\max}(A^{\mathrm T}A)}{\lambda_{\min}(A^{\mathrm T}A)}}$.

当 A 为对称矩阵时 $\mathrm{cond}(A)_2=\dfrac{|\lambda_1|}{|\lambda_2|}$，其中 λ_1，λ_n 为 A 的绝对值最大和绝对值最小的特征值.

【例 5-5】 已知方程组

$$\begin{pmatrix}1 & 0 & -1\\ 2 & 2 & 1\\ 0 & 2 & 2\end{pmatrix}\begin{pmatrix}x_1\\ x_2\\ x_3\end{pmatrix}=\begin{pmatrix}-1\\ 2\\ 2\end{pmatrix},\ \|\delta b\|_\infty=0.5\times 10^{-6}$$

的解为 $x=(1,\ -1,\ 2)^{\mathrm T}$. 如果右端有微小扰动 $\|\delta b\|_\infty=0.5\times 10^{-6}$，估计由此引出的解的相对误差.

解 记方程组的系数矩阵为 A，由于

$$A^{-1}=\begin{pmatrix}-1 & 1 & -1\\ 2 & -1 & 1.5\\ -2 & 1 & 1\end{pmatrix}$$

从而$\text{cond}(\boldsymbol{A})_\infty = \|\boldsymbol{A}^{-1}\|_\infty \|\boldsymbol{A}\|_\infty = 5 \times 4.5 = 22.5$,故由公式

$$\frac{\|\delta \boldsymbol{x}\|}{\|\boldsymbol{x}\|} \leqslant \text{cond}(\boldsymbol{A})_\infty \frac{\|\delta \boldsymbol{b}\|_\infty}{\|\boldsymbol{b}\|_\infty}$$

得

$$\frac{\|\delta \boldsymbol{x}\|_\infty}{\|\boldsymbol{x}\|_\infty} \leqslant 22.5 \times \frac{0.5 \times 10^{-6}}{2} = 5.625 \times 10^{-6}$$

由上述结果可以看出，解的相对误差是右端扰动量的 11 倍多.

§5.5　上机实验

5.5.1　实验目的

学会用 MATLAB 软件求解线性方程组.

5.5.2　实验内容与要求

利用矩阵的 $\boldsymbol{LU}$，$\boldsymbol{QR}$ 和 Cholesky 分解求方程组的解.

1. $\boldsymbol{LU}$ 分解

$\boldsymbol{LU}$ 分解又称高斯消去分解，可把任意方阵 $\boldsymbol{A}$ 分解为下三角矩阵 $\boldsymbol{L}$ 和上三角矩阵 $\boldsymbol{U}$ 的乘积，即 $\boldsymbol{A}=\boldsymbol{LU}$. 命令 $[\boldsymbol{L}, \boldsymbol{U}]=\text{lu}(\boldsymbol{A})$ 可求得 $\boldsymbol{L}$ 与 $\boldsymbol{U}$.

则方程 $\boldsymbol{A} \times \boldsymbol{X} = \boldsymbol{b}$ 变成 $\boldsymbol{L} \times \boldsymbol{U} \times \boldsymbol{X} = \boldsymbol{b}$,所以 $\boldsymbol{X} = \boldsymbol{U} \backslash (\boldsymbol{L} \backslash \boldsymbol{b})$.

2. 乔列斯基分解

若 $\boldsymbol{A}$ 为对称正定矩阵，则乔列斯基分解可将矩阵 $\boldsymbol{A}$ 分解成上三角矩阵和其转置的乘积，即 $\boldsymbol{A}=\boldsymbol{R}' \times \boldsymbol{R}$，其中，$\boldsymbol{R}$ 为上三角矩阵，命令 $\boldsymbol{R}=\text{chol}(\boldsymbol{A})$ 可求得 $\boldsymbol{R}$.

则方程 $\boldsymbol{A} \times \boldsymbol{X} = \boldsymbol{b}$ 变成 $\boldsymbol{R}' \times \boldsymbol{R} \times \boldsymbol{X} = \boldsymbol{b}$,所以 $\boldsymbol{X} = \boldsymbol{R} \backslash (\boldsymbol{R}' \backslash \boldsymbol{b})$.

3. $\boldsymbol{QR}$ 分解

对于任何长方矩阵 $\boldsymbol{A}$，都可以进行 $\boldsymbol{QR}$ 分解，其中 $\boldsymbol{Q}$ 为正交矩阵，$\boldsymbol{R}$ 为上三角矩阵的初等变换形式，即 $\boldsymbol{A}=\boldsymbol{QR}$，命令 $[\boldsymbol{Q}, \boldsymbol{R}]=qr(\boldsymbol{A})$ 可求得 $\boldsymbol{Q}$，$\boldsymbol{R}$.

则方程 $\boldsymbol{A} \times \boldsymbol{X} = \boldsymbol{b}$ 变形为 $\boldsymbol{Q} \times \boldsymbol{R} \times \boldsymbol{X} = \boldsymbol{b}$，所以 $\boldsymbol{X} = \boldsymbol{R} \backslash (\boldsymbol{Q} \backslash \boldsymbol{b})$.

说明：这 3 种分解在求解大型方程组时很有用，其优点是运算速度快,可以节省磁盘空间节省内存.

5.5.3　实验题目

分别用 $\boldsymbol{LU}$ 分解、乔列斯基分解和 $\boldsymbol{QR}$ 分解求解下列方程组：

$$(1)\begin{cases}x_1+x_2+3x_3-x_4=-2\\x_2-x_3+x_4=1\\x_1+x_2+2x_3+2x_4=4\\x_1-x_2+x_3-x_4=0\end{cases}$$

$$(2)\begin{cases}x_1-4x_2+2x_3=0\\2x_2-x_3=0\\-x_1+2x_2-x_3=0\end{cases}$$

习　题

1. 用列主元消去法解线性方程组

$$\begin{cases}12x_1-3x_2+3x_3=15\\-18x_1+3x_2-x_3=-15\\x_1+x_2+x_3=6\end{cases}$$

2. 用 **LU** 分解求解

$$\begin{cases}x_1+x_2+x_3=6\\4x_2-x_3=5\\2x_1-2x_2+x_3=1\end{cases}$$

3. 用追赶法求解三对角方程组 $\boldsymbol{Ax}=\boldsymbol{b}$，其中

$$\boldsymbol{A}=\begin{pmatrix}2&-1&0&0&0\\-1&2&-1&0&0\\0&-1&2&-1&0\\0&0&-1&2&-1\\0&0&0&-1&-2\end{pmatrix},\ \boldsymbol{b}=\begin{pmatrix}1\\0\\0\\0\\0\end{pmatrix}$$

4. 用平方根法解线性方程组

$$\begin{pmatrix}2&-1&1\\-1&-2&3\\1&3&1\end{pmatrix}\begin{pmatrix}x_1\\x_2\\x^3\end{pmatrix}=\begin{pmatrix}4\\5\\6\end{pmatrix}$$

5. 设 $\boldsymbol{A}=\begin{pmatrix}100&99\\99&98\end{pmatrix}$，计算 $\boldsymbol{A}$ 的条件数 $\mathrm{cond}(\boldsymbol{A})_\nu\ (\nu=2,\infty)$.

第 6 章　解线性方程组的迭代法

§6.1　引　言

随着计算技术的发展，计算机的存储量日益增大，计算速度也迅速提高，直接法如消元法等在计算机上可以用来解决大规模线性代数方程组，关于直接法的理论日臻完善，进一步断定了直接法的可靠性，近 20 年来直接法被广泛地应用。然而，对于一些特殊的方程组，如由数学物理问题经过近似处理导出的线性代数方程组，至今仍旧主要用迭代法求解，这是因为迭代法程序简单，适于自动计算，而且可以充分利用系数矩阵的稀疏性大量地减少内存，并对大规模问题，好的迭代方法常常可以比直接法计算量更小，而且计算误差容易控制，等等，因此迭代法仍是数值代数研究的主要课题之一.

§6.2　迭代法的一般理论

6.2.1　迭代格式的构造

本章考虑线性方程组

$$\boldsymbol{A}\boldsymbol{x}=\boldsymbol{b} \tag{6.1}$$

的迭代解法. 这里 $\boldsymbol{A}\in\mathbf{R}^{n\times n}$，$\boldsymbol{b}\in(b_1, b_2, \cdots, b_n)^{\mathrm{T}}$，$\boldsymbol{x}=(x_1, x_2, \cdots, x_n)^{\mathrm{T}}$.

首先将方程组(6.1) 的系数矩阵 $\boldsymbol{A}$ 分裂为

$$\boldsymbol{A}=\boldsymbol{N}-\boldsymbol{P} \tag{6.2}$$

这里要求 $\boldsymbol{N}$ 非奇异，于是方程组(6.1) 等价地可写为

$$\boldsymbol{x}=\boldsymbol{N}^{-1}\boldsymbol{P}\boldsymbol{x}+\boldsymbol{N}^{-1}\boldsymbol{b} \tag{6.3}$$

若记 $\boldsymbol{H}=\boldsymbol{N}^{-1}\boldsymbol{P}$，$\boldsymbol{g}=\boldsymbol{N}^{-1}\boldsymbol{b}$，则得到方程组(6.1) 的等价方程组

$$\boldsymbol{x}=\boldsymbol{H}\boldsymbol{x}+\boldsymbol{g} \tag{6.4}$$

这里 $\boldsymbol{H}\in\mathbf{R}^{n\times n}$，$\boldsymbol{g}\in\mathbf{R}^{n}$.

给定初始近似向量 $\boldsymbol{x}^{(0)}\in\mathbf{R}^{n}$，构造向量序列

$$x^{(k+1)} = Hx^{(k)} + g,\ k = 0, 1, 2, \cdots \tag{6.5}$$

$\{x^{(k)}\}$ 称为迭代序列. 如果当 $k \to \infty$ 时, $\{x^{(k)}\}$ 有极限存在, 设其极限为 x^*, 对(6.5)两端取极限, 得到

$$x^* = Hx^* + g \tag{6.6}$$

这表明迭代序列 $\{x_k\}$ 的极限 x^* 恰为方程组(6.4)的解, 同时也为线性方程组(6.1)的解. 因此, 如果迭代序列收敛, 对充分大的 k, $x^{(k)}$ 可以作为方程组(6.1)的近似解.

利用迭代过程(6.5)构造序列 $\{x^{(k)}\}$, 以求得方程组(6.1)的近似解的算法称为解(6.1)的简单迭代法, 若迭代序列 $\{x^{(k)}\}$ 收敛, 就称迭代法收敛. 显然, 只有收敛的迭代法才能使用. 因此我们有必要研究迭代序列 $\{x^{(k)}\}$ 的收敛条件.

6.2.2 迭代法的收敛性和误差估计

设 x^* 是方程组(6.4)的解, 向量

$$e^{(k)} = x^{(k)} - x^* \tag{6.7}$$

称为 $x^{(k)}$ 的误差向量. 由方程组(6.5)减去方程组(6.4), 得到误差向量满足下列迭代关系

$$e^{(k+1)} = He^{(k)},\ k = 0, 1, \cdots \tag{6.8}$$

利用误差向量的递推关系, 可导出

$$e^{(k)} = H^k e^{(0)} \tag{6.9}$$

由方程组(6.9)可以看出, 对于任意 $e^{(0)}$, $e^{(k)} \to 0$ 即 $x^{(k)} \to x^*$ 的充分必要条件是 $H^{(k)} \to 0$. 上述结果可以写成下述引理:

引理 6.1 迭代法(6.5)对任何初始近似 $x^{(0)} \in \mathbf{R}^n$ 均收敛的充分必要条件是 $H^{(k)} \to 0$.

由线性代数的知识, $H^{(k)} \to 0$ 的充分必要条件为 $\rho(H) < 1$, 我们得到简单迭代法收敛的基本定理.

定理 6.1 解线性方程组(6.1)的简单迭代法, 任何初始近似 $x^{(0)} \in \mathbf{R}^n$ 均收敛的充分必要条件是 $\rho(H) < 1$.

注意, 矩阵的任何一种范数均以谱半径为其下界, 因此, 我们有:

推论 6.1 若矩阵 H 的某一范数 $\|H\| < 1$, 则迭代法(6.5)收敛.

推论 6.2 下列条件均为迭代法(6.5)收敛的充分条件:

(1) $\max\limits_i \sum\limits_{j=1}^n |h_{ij}| < 1$;

(2) $\max\limits_j \sum\limits_{i=1}^n |h_{ij}| < 1$;

(3) $\sum\limits_{i=1}^n h_{ij}^2 < 1$.

虽然定理 6.1 从理论上完整地回答了迭代法的收敛问题, 然而所给出的条件实际是难以检验的, 推论给出的几种收敛性条件常常被使用, 但在很多时候显得过苛, 因此寻求便于检验

的收敛条件仍是迭代法理论的研究课题，更为有意义的问题是探讨如何将一般方程组化成(6.4)的形式，并使之满足收敛性条件，后面几节将研究这些问题.

现在我们研究迭代法的收敛速度的估计. 我们有下面的定理：

定理 6.2 当 $\|\boldsymbol{H}\|<1$ 时，迭代法(6.5)有下列敛速估计

$$\|\boldsymbol{x}^{(k)}-\boldsymbol{x}^{*}\| \leqslant \frac{\|\boldsymbol{H}\|^{k}}{1-\|\boldsymbol{H}\|}\|\boldsymbol{x}^{(1)}-\boldsymbol{x}^{(0)}\| \tag{6.10}$$

$$\|\boldsymbol{x}^{(k)}-\boldsymbol{x}^{*}\| \leqslant \frac{\|\boldsymbol{H}\|}{1-\|\boldsymbol{H}\|}\|\boldsymbol{x}^{(k)}-\boldsymbol{x}^{(k-1)}\| \tag{6.11}$$

证明 收敛性由定理 6.1 是显然的.

$$\|\boldsymbol{x}^{(k)}-\boldsymbol{x}^{*}\|=\|\boldsymbol{e}^{(k)}\|=\|\boldsymbol{H}^{k}\boldsymbol{e}^{(0)}\| \leqslant \|\boldsymbol{H}^{k}\| \cdot \|\boldsymbol{e}^{(0)}\|$$

注意到 $\boldsymbol{x}^{*}=(\boldsymbol{I}-\boldsymbol{H})^{-1}\boldsymbol{g}$，于是

$$\begin{aligned}\|\boldsymbol{e}^{(0)}\| = \|\boldsymbol{x}^{(0)}-\boldsymbol{x}^{*}\| &= \|\boldsymbol{x}^{(0)}-(\boldsymbol{I}-\boldsymbol{H})^{-1}\boldsymbol{g}\| \\ &= \|(\boldsymbol{I}-\boldsymbol{H})^{-1}[(\boldsymbol{I}-\boldsymbol{H})\boldsymbol{x}^{(0)}-\boldsymbol{g}]\| \\ &= \|(\boldsymbol{I}-\boldsymbol{H})^{-1}(\boldsymbol{x}^{(0)}-\boldsymbol{x}^{(1)})\| \\ &\leqslant \|(\boldsymbol{I}-\boldsymbol{H})^{-1}\| \cdot \|(\boldsymbol{x}^{(0)}-\boldsymbol{x}^{(1)})\|\end{aligned}$$

因 $\|\boldsymbol{H}\|<1$，根据第 1 章定理 1.4，有 $\|(\boldsymbol{I}-\boldsymbol{H})^{-1}\| \leqslant \dfrac{1}{1-\|\boldsymbol{H}\|}$，于是

$$\|\boldsymbol{x}^{(k)}-\boldsymbol{x}^{*}\| \leqslant \frac{\|\boldsymbol{H}\|^{k}}{1-\|\boldsymbol{H}\|}\|\boldsymbol{x}^{(1)}-\boldsymbol{x}^{(0)}\|$$

下证(6.11). 由

$$\begin{aligned}\boldsymbol{x}^{(k)}-\boldsymbol{x}^{*} &= \boldsymbol{H}(\boldsymbol{x}^{(k-1)}-\boldsymbol{x}^{*}) \\ &= \boldsymbol{H}(\boldsymbol{x}^{(k-1)}-\boldsymbol{x}^{(k)})+\boldsymbol{H}(\boldsymbol{x}^{(k)}-\boldsymbol{x}^{*})\end{aligned}$$

得到

$$\|\boldsymbol{x}^{(k)}-\boldsymbol{x}^{*}\| \leqslant \|\boldsymbol{H}\| \cdot \|\boldsymbol{x}^{(k-1)}-\boldsymbol{x}^{(k)}\|+\|\boldsymbol{H}\| \cdot \|\boldsymbol{x}^{(k)}-\boldsymbol{x}^{*}\|$$

从而

$$\|\boldsymbol{x}^{(k)}-\boldsymbol{x}^{*}\| \leqslant \frac{\|\boldsymbol{H}\|}{1-\|\boldsymbol{H}\|}\|\boldsymbol{x}^{(k)}-\boldsymbol{x}^{(k-1)}\|$$

注 6.1 由估计式(6.11)得到，当 $\|\boldsymbol{x}^{(k)}-\boldsymbol{x}^{(k-1)}\| \leqslant \varepsilon$ 时，则

$$\|\boldsymbol{x}^{(k)}-\boldsymbol{x}^{*}\| \leqslant \frac{\|\boldsymbol{H}\|}{1-\|\boldsymbol{H}\|}\varepsilon.$$

因而，可以利用 $\|\boldsymbol{x}^{(k)}-\boldsymbol{x}^{(k-1)}\|$ 作为误差的控制量，也就是说在计算过程中可以用它来判断迭代是否应当终止.

注 6.2 式(6.10)说明 $\boldsymbol{x}^{(k)} \to \boldsymbol{x}^{*}$ 的速度由 $\|\boldsymbol{H}\|^{k} \to 0$ 的速度决定，而我们这里的范数可以换成任何一种范数，只要 $\|\boldsymbol{H}\|<1$ 即可. 而我们知道矩阵的谱半径是它所有范数的下确界，因此，不难想象，收敛速度可以由谱半径来刻画.

§6.3 雅可比迭代法

6.3.1 雅可比迭代法的构造

考虑线性方程组

$$Ax = b$$

其中 $A \in \mathbf{R}^{n\times n}$ 非奇异且 $a_{ii} \neq 0$，记 $D = \mathrm{diag}(a_{11}, a_{22}, \cdots, a_{nn})$，我们通过分离变量的过程建立雅可比(Jacobi) 迭代公式，即

$$\sum_{i=1}^{n} a_{ij}x_j = b_i,\ a_{ii} \neq 0,\ i = 1, 2, \cdots, n$$

$$x_i = \frac{1}{a_{ii}}(b_i - \sum_{\substack{j=1 \\ j\neq i}}^{n} a_{ij}x_j),\ i = 1, 2, \cdots, n$$

由此我们可以得到雅可比迭代的分量形式

$$x_i^{(k+1)} = \frac{1}{a_{ii}}(b_i - \sum_{\substack{j=1 \\ j\neq i}}^{n} a_{ij}x_j^{(k)}),\ i = 1, 2, \cdots, n \tag{6.12}$$

为了便于收敛性分析，我们将分量形式(6.12) 改写成矩阵形式. 将系数阵 A 分解为 $A = D + A - D$，其中 D 为对角矩阵. 于是 $Ax = b$ 可改写为

$$Dx = (D - A)x + b \Leftrightarrow x = (I - D^{-1}A)x + D^{-1}b \tag{6.13}$$

若令 $H = (I - D^{-1}A)$，$g = D^{-1}b$，则将线性方程组 $Ax = b$ 变成了(6.4)，即(6.13) 是简单迭代法的特殊情形. 其相应的迭代公式为

$$x^{(k+1)} = (I - D^{-1}A)x^{(k)} + D^{-1}b \tag{6.14}$$

称 H 为雅可比迭代的迭代矩阵，迭代公式(6.14) 为解方程组(6.1) 的雅可比迭代法.

6.3.2 雅可比迭代法的收敛条件

利用定理 6.1，我们可以得到雅可比迭代方法的收敛条件：

定理 6.3 雅可比方法收敛的充分必要条件是 $\rho(I - D^{-1}A) < 1$.

上述收敛性条件难于检验，通常利用下面的充分性判断雅可比方法是否收敛.

定理 6.4 若 A 满足满足下列条件之一，则雅可比方法收敛.

① 对 $i = 1, \cdots, n$，均有 $\sum\limits_{\substack{j=1 \\ j\neq i}}^{n} |a_{ij}| < |a_{ii}|$；

② 对 $j = 1, \cdots, n$，均有 $\sum\limits_{\substack{i=1 \\ i\neq j}}^{n} |a_{ij}| < |a_{jj}|$；

③ $\sum_{i=1}^{n}\sum_{\substack{j=1\\j\neq i}}^{n}\frac{|a_{ij}|^2}{|a_{ii}|^2}<1$.

事实上，上述三个条件分别是 $\|I-D^{-1}A\|_\infty$，$\|I-D^{-1}A\|_1$ 和 $\|I-D^{-1}A\|_F$ 小于1的情形.

实际中要求解的某些线性方程组，其系数矩阵往往具有一些特点，如系数矩阵为对称正定、对角元素占优等. 由这些方程组系数矩阵的特殊性，使得我们可以直接从方程组的系数矩阵 A 出发来讨论迭代法的收敛性.

定义 6.1 设 $A=(a_{ij})_{n\times n}\in\mathbf{R}^{n\times n}$，满足

$$|a_{ii}|>\sum_{\substack{j=1\\j\neq i}}^{n}|a_{ij}|,\ i=1,2,\cdots,n\left(\text{或}\ |a_{jj}|>\sum_{\substack{i=1\\i\neq j}}^{n}|a_{ij}|,\ j=1,2,\cdots,n\right)$$

即 A 的每一行(列) 对角元素的绝对值都严格大于同行(列) 其他元素绝对值之和，则称 A 为**严格行(列) 对角占优矩阵**.

若

$$|a_{ii}|\geqslant\sum_{\substack{j=1\\j\neq i}}^{n}|a_{ij}|,\ i=1,2,\cdots,n\left(\text{或}\ |a_{jj}|\geqslant\sum_{\substack{i=1\\i\neq j}}^{n}|a_{ij}|,\ j=1,2,\cdots,n\right)$$

且至少有一个 $i(j)$ 值，使得

$$|a_{ii}|>\sum_{\substack{j=1\\j\neq i}}^{n}|a_{ij}|\ \left(\text{或}\ |a_{jj}|>\sum_{\substack{i=1\\i\neq j}}^{n}|a_{ij}|\right)$$

成立，则称 A 为弱行(列) 对角占优矩阵.

定理 6.5 若 $A=(a_{ij})_{n\times n}\in\mathbf{R}^{n\times n}$ 为严格对角占优矩阵，则对任意的初值 $x^{(0)}$，解方程组 $Ax=b$ 的雅可比迭代法收敛.

证明 设

$$A=D-L-U$$

$$=\begin{pmatrix}a_{11}&&&\\&a_{22}&&\\&&\ddots&\\&&&a_{nn}\end{pmatrix}-\begin{pmatrix}0&&&\\-a_{21}&0&&\\\vdots&&\ddots&\\-a_{n1}&\cdots&-a_{nn-1}&0\end{pmatrix}-\begin{pmatrix}0&-a_{12}&\cdots&-a_{1n}\\&0&&-a_{2n}\\&&\ddots&\vdots\\&&&0\end{pmatrix}$$

注意到雅可比迭代法的迭代矩阵为 $H=D^{-1}(D-A)=D^{-1}(L+U)$，其特征多项式为

$$P(\lambda)=\det(\lambda I-H)=\det[\lambda I-D^{-1}(L+U)]$$
$$=\det(D^{-1})\cdot\det(\lambda D-L-U)$$

显然 $\det(D^{-1})\neq 0$. 以下用反证法：假设 H 有特征值 λ 满足 $|\lambda|\geqslant 1$，因 $A=D-L-U$ 是行严格对角占优的，故显然 $\lambda D-L-U$ 也是行严格对角占优的. 因此 $\det(\lambda D-L-U)\neq 0$. 这与 λ 是 H 的特征值相矛盾，即 $|\lambda|$ 不可大于或等于1. 因此 $|\lambda|<1$，即 $\rho(H)<1$，从而雅可比迭代收敛.

【例 6-1】 用雅可比迭代法解方程组

$$\begin{cases}10x_1-x_2-2x_3=7.2\\-x_1+10x_2-2x_3=8.3\\-x_1-x_2+5x_3=4.2\end{cases}$$

解 易知方程组的准确解为 $\boldsymbol{x}^*=(1.1,1.2,1.3)^{\mathrm{T}}$. 由于系数矩阵是对角占优阵，由定理6.5，雅可比迭代法收敛. 下面用雅可比方法进行求解. 首先建立与方程组等价的形式

$$\begin{cases}x_1=0.1x_2+0.2x_3+0.72\\x_2=0.1x_1+0.2x_3+0.83\\x_3=0.1x_1+0.2x_2+0.84\end{cases}$$

据此建立迭代公式

$$\begin{cases}x_1^{(k+1)}=0.1x_2^{(k)}+0.2x_3^{(k)}+0.72\\x_2^{(k+1)}=0.1x_1^{(k)}+0.2x_3^{(k)}+0.83\\x_3^{(k+1)}=0.1x_1^{(k)}+0.2x_2^{(k)}+0.84\end{cases}$$

取迭代初值 $x_1^{(0)}=x_2^{(0)}=x_3^{(0)}=0$，迭代结果见表 6.1.

表 6.1 迭代结果表

1	0.72	0.83	0.84
2	0.971	1.07	1.15
3	1.057	1.157 1	1.248 2
4	1.085 35	1.185 34	1.282 82
5	1.095 098	1.195 099	1.294 138
6	1.098 338	1.198 337	1.298 039
7	1.099 442	1.199 442	1.299 335
8	1.099 811	1.199 811	1.299 777
9	1.099 936	1.199 936	1.299 924
10	1.099 979	1.199 979	1.299 975
11	1.099 993	1.199 993	1.299 991
12	1.099 998	1.199 998	1.299 997
13	1.099 999	1.199 999	1.299 999
14	1.1	1.2	1.3
15	1.1	1.2	1.3

6.3.3 雅可比迭代法的误差估计

根据定理 6.2，雅可比迭代有以下误差估计定理：

定理 6.6 当 $\|\boldsymbol{H}\|<1$ 时，雅可比迭代法收敛，并且有下列误差估计

$$\|\boldsymbol{x}^{(k)}-\boldsymbol{x}^*\|\leqslant\frac{\|\boldsymbol{H}\|^k}{1-\|\boldsymbol{H}\|}\|\boldsymbol{x}^{(1)}-\boldsymbol{x}^{(0)}\|$$

$$\|x^{(k)}-x^*\| \leqslant \frac{\|H\|}{1-\|H\|}\|x^{(k)}-x^{(k-1)}\|$$

由定理 6.6 可知，若使 $\|x^{(k)}-x^*\| \leqslant \varepsilon$，只需 $\frac{\|H\|^k}{1-\|H\|}\|x^{(1)}-x^{(0)}\| < \varepsilon$，即

$$k > \ln\left[\left(\frac{\varepsilon(1-\|H\|)}{\|x^{(1)}-x^{(0)}\|}\right]/\ln\|H\| \tag{6.15}$$

我们可以用式(6.15)估计达到某一精度需要迭代多少步.

6.3.4 上机程序

雅可比迭代的上机程序如下：

```
function out = Jacobi(A, b, epsron)
    n = length(A);
    D = diag(diag(A));
    L = tril(A, -1);
    U = triu(A, 1);
    X0 = zeros(n, 1);
    X1 =-inv(D) * (L+U) * X0+inv(D) * b;
    while norm(X1-X0) > epsron
     X0 = X1;
     X1 =-inv(D) * (L+U) * X0+inv(D) * b;
    end
out = X1;
```

这里 A 表示线性方程组的系数矩阵，b 表示右端常数向量，epsron 表示迭代达到的精度，对于【例 6-1】，若输入下列命令：

```
A = [10, -1, -2; -1, 10, -2; -1, -1, 5];
b = [7.2, 8.3, 4.2]';
X = Jacobi(A, b, 1e- 6);
```

得到方程组的解：

```
X = [1.09999990645829,1.1999999064582,1.29999988901921]'
```

这里，迭代步数为 15 步.

§6.4　高斯-塞德尔迭代法

6.4.1　高斯-塞德尔迭代法的构造

在雅可比迭代中，用$(x_1^{(k)}, x_2^{(k)}, \cdots, x_n^{(k)})^{\mathrm{T}}$的值代入上节方程(6.12)中计算出$x_i^{(k+1)}$，$i=1, 2, \cdots, n$的值，$x_i^{(k+1)}$的计算公式是

$$x_i^{(k+1)}=\frac{1}{a_{ii}}(b_i-\sum_{\substack{j=1\\j\neq i}}^{n}a_{ij}x_j^k),\ i=1, 2, \cdots, n$$

事实上，在计算$x_i^{(k+1)}$前，已经得到$x_1^{(k+1)}, x_2^{(k+1)}, \cdots, x_{i-1}^{(k+1)}$的值，不妨将已算出的分量直接代入迭代式中，及时使用最新计算出的分量值. 因此$x_i^{(k+1)}$的计算公式可改为

$$x_i^{(k+1)}=\frac{1}{a_{ii}}\left(b_i-\sum_{j=1}^{i-1}a_{ij}x_j^{(k+1)}-\sum_{j=i+1}^{n}a_{ij}x_j^{(k)}\right),\ i=1, 2, \cdots, n$$

即用向量$(x_1^{(k)}, x_2^{(k)}, \cdots, x_n^{(k)})^{\mathrm{T}}$计算出$x_1^{(k+1)}$的值，用向量$(x_1^{(k+1)}, x_2^{(k)}, \cdots, x_n^{(k)})^{\mathrm{T}}$计算出$x_2^{(k+1)}$的值,……，用向量$(x_1^{(k+1)}, x_2^{(k+1)}, \cdots, x_{i-1}^{(k+1)}, x_i^{(k)}, \cdots, x_n^{(k)})^{\mathrm{T}}$计算出$x_i^{(k+1)}$的值，这种迭代格式称为高斯-塞德尔(Gauss-Seidel)迭代.

下面我们给出高斯-塞德尔迭代的矩阵形式.

设$\boldsymbol{A}=\boldsymbol{D}-\boldsymbol{L}-\boldsymbol{U}$

$$=\begin{pmatrix}a_{11}&&&\\&a_{22}&&\\&&\ddots&\\&&&a_{nn}\end{pmatrix}-\begin{pmatrix}0&&&\\-a_{21}&0&&\\\vdots&&\ddots&\\-a_{n1}&\cdots&-a_{nn-1}&0\end{pmatrix}-\begin{pmatrix}0&-a_{12}&\cdots&-a_{1n}\\&0&&-a_{2n}\\&&\ddots&\vdots\\&&&0\end{pmatrix}$$

将(6.1)写成等价矩阵表达式

$$\boldsymbol{Ax}=(\boldsymbol{D}-\boldsymbol{L}-\boldsymbol{U})\boldsymbol{x}=(\boldsymbol{D}-\boldsymbol{L})\boldsymbol{x}-\boldsymbol{Ux}=\boldsymbol{b}$$

$$(\boldsymbol{D}-\boldsymbol{L})\boldsymbol{x}=\boldsymbol{Ux}+\boldsymbol{b}$$

构造迭代形式

$$(\boldsymbol{D}-\boldsymbol{L})\boldsymbol{x}^{(k+1)}=\boldsymbol{Ux}^{(k)}+\boldsymbol{b}$$

于是，我们有

$$\boldsymbol{x}^{(k+1)}=(\boldsymbol{D}-\boldsymbol{L})^{-1}\boldsymbol{Ux}^{(k)}+(\boldsymbol{D}-\boldsymbol{L})^{-1}\boldsymbol{b}$$

则高斯-塞德尔迭代的矩阵形式为

$$\boldsymbol{x}^{(k+1)}=\boldsymbol{Gx}^{(k)}+\boldsymbol{f}$$

这里，$\boldsymbol{G}=(\boldsymbol{D}-\boldsymbol{L})^{-1}\boldsymbol{U}$，$\boldsymbol{f}=(\boldsymbol{D}-\boldsymbol{L})^{-1}\boldsymbol{b}$称为高斯-塞德尔迭代矩阵.

6.4.2 高斯-塞德尔迭代法的收敛条件

判断高斯-塞德尔迭代收敛的方法与判断雅可比迭代收敛类似，一方面，从高斯-塞德尔迭代矩阵 $\boldsymbol{G}$ 获取信息，当 $\rho(\boldsymbol{G})<1$ 或 $\boldsymbol{G}$ 的某种范数 $\|\boldsymbol{G}\|<1$ 时，迭代收敛;另一方面，直接根据方程组系数矩阵的特点作出判断.

定理 6.7 高斯-塞德尔迭代法收敛的充要条件是 $\rho(\boldsymbol{G})<1$，其中 $\boldsymbol{G}$ 为高斯-塞德尔迭代矩阵.

定理 6.8 若方程组系数矩阵 $\boldsymbol{A}$ 为列或行对角占优时，则高斯-塞德尔迭代收敛.

证明 注意到高斯-塞德尔迭代矩阵 $\boldsymbol{G}=(\boldsymbol{D}-\boldsymbol{L})^{-1}\boldsymbol{U}$ 的特征多项式为

$$\begin{aligned}P(\lambda)&=\det(\lambda\boldsymbol{I}-\boldsymbol{G})=\det[\lambda\boldsymbol{I}-(\boldsymbol{D}-\boldsymbol{L})^{-1}\boldsymbol{U}]\\&=\det\{(\boldsymbol{D}-\boldsymbol{L})^{-1}[\lambda(\boldsymbol{D}-\boldsymbol{L})-\boldsymbol{U}]\}\\&=\det[(\boldsymbol{D}-\boldsymbol{L})^{-1}]\cdot\det[\lambda(\boldsymbol{D}-\boldsymbol{L})-\boldsymbol{U}]\end{aligned}$$

显然 $\det[(\boldsymbol{D}-\boldsymbol{L})^{-1}]\neq 0$. 以下用反证法. 若高斯-塞德尔迭代不收敛，则至少存在一个特征值 λ 满足 $|\lambda|\geqslant 1$. 由于 $\boldsymbol{A}$ 行严格对角占优，不难发现 $\lambda(\boldsymbol{D}-\boldsymbol{L})-\boldsymbol{U}$ 仍为行严格对角占优. 因此 $\det[\lambda(\boldsymbol{D}-\boldsymbol{L})-\boldsymbol{U}]\neq 0$. 故

$$\det(\lambda\boldsymbol{I}-\boldsymbol{G})\neq 0$$

这与 λ 是迭代矩阵 $\boldsymbol{G}$ 的特征值相矛盾，即 $|\lambda|$ 不可大于或等于 1 .因此 $|\lambda|<1$，即 $\rho(\boldsymbol{G})<1$，从而高斯-塞德尔迭代收敛.

定理 6.9 若方程组系数矩阵 $\boldsymbol{A}$ 为对称正定阵，则高斯-塞德尔迭代收敛.

【例 6-2】 用高斯-塞德尔方法解方程组

$$\begin{cases}2x_1-x_2-x_3=-5\\x_1+5x_2-x_3=8\\x_1+x_2+10x_3=11\end{cases}$$

解 方程的迭代格式

$$\begin{cases}x_1^{(k+1)}=0.5x_2^{(k)}+0.5x_3^{(k)}-2.5\\x_2^{(k+1)}=-0.2x_1^{(k+1)}+0.2x_3^{(k)}+1.6\\x_3^{(k+1)}=-0.1x_1^{(k+1)}-0.1x_2^{(k+1)}+1.1\end{cases}$$

取初始值 $\boldsymbol{x}^{(0)}=(0,\ 0,\ 0)^{\mathrm{T}}$，当 $k=1$ 时,有

$$x_1^{(1)}=0.5\times 0+0.5\times 0-2.5=-2.5$$

$$x_2^{(1)}=-0.2\times(-2.5)+0.2\times 0+1.6=2.1$$

$$x_3^{(1)}=-0.1\times(-2.5)-0.1\times 2.1+1.1=1.14$$

当 $k=2$ 时，有

$$x_1^{(2)}=0.5\times 2.1+0.5\times 1.14-2.5=-0.88$$

$$x_2^{(2)}=-0.2\times(-0.88)+0.2\times 1.14+1.6=2.004$$

$$x_3^{(2)}=-0.1\times(-0.88)-0.1\times 2.004+1.1=0.987\ 6$$

计算结果见表 6.2.

表 6.2　计算结果表

k	$x_1^{(k)}$	$x_2^{(k)}$	$x_3^{(k)}$	$\Vert x^{(k)} - x^{k-1} \Vert_\infty$
0	0	0	0	0
1	−2.5	2.1	1.14	2.5
2	−0.88	2.004	0.987 6	1.62
3	−1.004 2	1.998 4	1.000 6	0.124 2
4	−1.000 5	2.000 2	1.000 0	0.003 7

6.4.3　上机程序

高斯-赛德尔迭代的上机程序如下：

```
function out = GS(A, b, epsron)
    n = length(A);
    D = diag(diag(A));
    L =-tril(A, -1);
    U =-triu(A, 1);
    X0 = zeros(n, 1);
    X1 = inv(D-L) * U* X0+inv(D-L) * b;
    while norm(X1-X0) > epsron
      X0 = X1;
      X1 = inv(D-L) * U* X0+inv(D-L) * b;
    end
out = X1;
```

这里A表示线性方程组的系数矩阵，b表示右端常数向量，epsron表示迭代达到的精度，同样对于【例 6-1】，若输入下列命令：

```
A = [10, -1, -2; -1, 10, -2; -1, -1, 5];
b = [7.2, 8.3, 4.2]';
epsron = 1e-6;
X = GS(A, b, epsron)
```

得到方程组的解：

```
X = [1.09999997254042, 1.19999998317168, 1.29999999114242]'
```

这里，迭代步数仅为 8 步.

§6.5 超松弛迭代法

6.5.1 超松弛迭代法迭代格式的构造

逐次超松弛迭代法(Successive Over Relaxation Method，简称SOR方法)是高斯-塞德尔方法的一种加速方法，是解大型稀疏矩阵方程组的有效方法之一，它具有计算公式简单，程序设计容易，占用计算机内存少等优点，但需要选择好的加速因子(即最佳松弛因子).

设有线性方程组(6.1). 设 $a_{ii}\neq 0(i=1,2,\cdots,n)$，分解 $\boldsymbol{A}$ 为 $\boldsymbol{A}=\boldsymbol{D}-\boldsymbol{L}-\boldsymbol{U}$. 设已知第 k 次迭代向量 $\boldsymbol{x}^{(k)}$ 及第 $k+1$ 次迭代向量 $\boldsymbol{x}^{(k+1)}$ 的分量 $x_j^{(k+1)}(j=1,2,\cdots,i-1)$，要求计算分量 $x_i^{(k+1)}$.

首先用高斯-塞德尔迭代方法定义辅助量

$$\tilde{x}_i^{(k+1)}=\frac{1}{a_{ii}}\left(b_i-\sum_{j=1}^{i-1}a_{ij}x_j^{(k+1)}-\sum_{j=i+1}^{n}a_{ij}x_j^{(k)}\right),\ i=1,2,\cdots,n \tag{6.16}$$

再把 $x_i^{(k+1)}$ 取为 $x_i^{(k)}$ 与 $\tilde{x}_i^{(k+1)}$ 的某个平均值(即加权平均)，即

$$x_i^{(k+1)}=(1-\omega)x_i^{(k)}+\omega\tilde{x}_i^{(k+1)}=x_i^{(k)}+\omega(\tilde{x}_i^{(k+1)}-x_i^{(k)}) \tag{6.17}$$

将式(6.16)代入式(6.17)得到解方程组 $\boldsymbol{Ax}=\boldsymbol{b}$ 的逐次超松弛迭代公式

$$\begin{cases}x_i^{(k+1)}=x_i^{(k)}+\dfrac{\omega}{a_{ii}}\left(b_i-\displaystyle\sum_{j=1}^{i-1}a_{ij}x_j^{(k+1)}-\sum_{j=i}^{n}a_{ij}x_j^{(k)}\right)\\ \boldsymbol{x}^{(k)}=(x_1^{(k)},x_2^{(k)},\cdots,x_n^{(k)})^{\mathrm{T}},\ k=0,1,\cdots;i=1,2,\cdots,n\end{cases} \tag{6.18}$$

其中 ω 称为松弛因子，或写为

$$\begin{cases}x_i^{(k+1)}=x_i^{(k)}+\Delta x_i,\ k=0,1,\cdots;i=1,2,\cdots,n\\ \Delta x_i=\dfrac{\omega}{a_{ii}}\left(b_i-\displaystyle\sum_{j=1}^{i-1}a_{ij}x_j^{(k+1)}-\sum_{j=i}^{n}a_{ij}x_j^{(k)}\right)\end{cases} \tag{6.19}$$

显然，当 $\omega=1$ 时，解(6.1)的SOR方法就是**高斯-塞德尔迭代法**；当 $\omega<1$ 时，称式(6.19)为**低松弛法**；当 $\omega>1$ 时，称式(6.19)为**超松弛法**.

6.5.2 超松弛迭代法的收敛条件

下面我们写出SOR迭代公式的矩阵形式. 迭代公式(6.19)也可写为

$$a_{ii}x_i^{(k+1)}=(1-\omega)a_{ii}x_i^{(k)}+\omega\left(b_i-\sum_{j=1}^{i-1}a_{ij}x_j^{(k+1)}-\sum_{j=i+1}^{n}a_{ij}x_j^{(k)}\right),\ i=1,2,\cdots,n$$

利用分解式，$\boldsymbol{A}=\boldsymbol{D}-\boldsymbol{L}-\boldsymbol{U}$，则

$$\boldsymbol{Dx}^{(k+1)}=\omega(\boldsymbol{b}+\boldsymbol{Lx}^{(k+1)}+\boldsymbol{Ux}^{(k)})+(1-\omega)\boldsymbol{Dx}^{(k)}$$

即 $(\boldsymbol{D}-\omega\boldsymbol{L})\boldsymbol{x}^{(k+1)}=[(1-\omega)\boldsymbol{D}+\omega\boldsymbol{U}]\boldsymbol{x}^{(k)}+\omega\boldsymbol{b}$.

显然，对于任何一个 ω 值，$(\boldsymbol{D}-\omega\boldsymbol{L})$ 非奇异，于是

$$\boldsymbol{x}^{(k+1)}=(\boldsymbol{D}-\omega\boldsymbol{L})^{-1}[(1-\omega)\boldsymbol{D}+\omega\boldsymbol{U}]x^{(k)}+\omega(\boldsymbol{D}-\omega\boldsymbol{L})^{-1}\boldsymbol{b} \tag{6.20}$$

这就是说，解(6.1) 的 SOR 方法迭代公式为

$$\boldsymbol{x}^{(k+1)}=\boldsymbol{L}_\omega\boldsymbol{x}^{(k)}+\boldsymbol{f} \tag{6.21}$$

其中 $\boldsymbol{L}_\omega=(\boldsymbol{D}-\omega\boldsymbol{L})^{-1}[(1-\omega)\boldsymbol{D}+\omega\boldsymbol{U}]\boldsymbol{x}^{(k)}$，$\boldsymbol{f}=\omega(\boldsymbol{D}-\omega\boldsymbol{L})^{-1}\boldsymbol{b}$.

矩阵 $\boldsymbol{L}_\omega$ 称为 SOR 方法的迭代矩阵，应用简单迭代法的收敛定理，得到：

定理 6.10 设有线性方程组 $\boldsymbol{Ax}=\boldsymbol{b}$，且 $a_{ii}\neq 0(i=1,2,\cdots,n)$，则解方程组的 SOR 方法收敛的充要条件是 $\rho(\boldsymbol{L}_\omega)<1$.

引入超松弛迭代法的目的是希望能够选择松弛因子 ω，使得迭代过程(6.21) 收敛较快，也就是应选择因子 ω，使 $\rho(\boldsymbol{L}_\omega)$ 达到最小. 下面研究对于一般的线性方程组(6.1)($a_{ii}\neq 0$, $i=1,2,\cdots,n$)，松弛因子 ω 在什么范围内取值，SOR 方法才能收敛. 现在给出 SOR 方法收敛的必要条件.

定理 6.11 设方程组(6.1) 的 SOR 迭代法收敛，则 $0<\omega<2$.

证明 SOR 迭代矩阵为 $\boldsymbol{L}_\omega=(\boldsymbol{D}-\omega\boldsymbol{L})^{-1}[(1-\omega)\boldsymbol{D}+\omega\boldsymbol{U}]$，若 SOR 迭代收敛，则 $\rho(\boldsymbol{L}_\omega)<1$. 从而 $|\det(\boldsymbol{L}_\omega)|=|\lambda_1\lambda_2\cdots\lambda_n|<1$，这里，$\lambda_1,\lambda_2,\cdots,\lambda_n$ 为 $\boldsymbol{L}_\omega$ 的特征值. 又

$$\begin{aligned}|\det(\boldsymbol{L}_\omega)|&=|\det[(\boldsymbol{D}-\omega\boldsymbol{L})^{-1}]|\cdot|\det[(1-\omega)\boldsymbol{D}+\omega\boldsymbol{U}]|\\&=|a_{11}^{-1}a_{22}^{-1}\cdots a_{nn}^{-1}|\cdot|(1-\omega)^n a_{11}a_{22}\cdots a_{nn}|\\&=|(1-\omega)^n|<1\end{aligned}$$

故有 $|1-\omega|<1$，即 $0<\omega<2$.

定理 6.12 若 $\boldsymbol{A}$ 为正定矩阵，则当 $0<\omega<2$ 时，逐次超松弛迭代收敛.

证明 设 λ 是 $\boldsymbol{L}_\omega$ 的任一特征值，对应的特征向量为 $\boldsymbol{z}$，则有

$$(\boldsymbol{D}-\omega\boldsymbol{L})^{-1}[(1-\omega)\boldsymbol{D}+\omega\boldsymbol{U}]\boldsymbol{z}=\lambda\boldsymbol{z}$$

则

$$[(1-\omega)\boldsymbol{D}+\omega\boldsymbol{U}]\boldsymbol{z}=\lambda(\boldsymbol{D}-\omega\boldsymbol{L})\boldsymbol{z}$$

上式两边左乘 $\boldsymbol{z}$ 的共轭转置 $\boldsymbol{z}^{\mathrm{H}}$，得

$$(1-\omega)\boldsymbol{z}^{\mathrm{H}}\boldsymbol{Dz}+\omega\boldsymbol{z}^{\mathrm{H}}\boldsymbol{Uz}=\lambda(\boldsymbol{z}^{\mathrm{H}}\boldsymbol{Dz}-\omega\boldsymbol{z}^{\mathrm{H}}\boldsymbol{Lz})$$

即

$$\lambda=\frac{(1-\omega)\boldsymbol{z}^{\mathrm{H}}\boldsymbol{Dz}+\omega\boldsymbol{z}^{\mathrm{H}}\boldsymbol{Uz}}{\boldsymbol{z}^{\mathrm{H}}\boldsymbol{Dz}-\omega\boldsymbol{z}^{\mathrm{H}}\boldsymbol{Lz}} \tag{6.22}$$

记 $\boldsymbol{z}^{\mathrm{H}}\boldsymbol{Dz}=\boldsymbol{d}$，$\boldsymbol{z}^{\mathrm{H}}\boldsymbol{Lz}=a+\mathrm{i}b$，因 $\boldsymbol{A}$ 对称，故 $\boldsymbol{U}=\boldsymbol{L}^{\mathrm{T}}$，$\boldsymbol{z}^{\mathrm{H}}\boldsymbol{Uz}=a-\mathrm{i}b$，代入式(6.22)，得 $\lambda=\dfrac{(1-\omega)d+\omega(a-\mathrm{i}b)}{d-\omega(a+\mathrm{i}b)}=\dfrac{[(1-\omega)d+\omega a]-\mathrm{i}b\omega}{(d-\omega a)-\mathrm{i}\omega b}$.

因 $\boldsymbol{A}$ 正定，故 $\boldsymbol{z}^{\mathrm{H}}\boldsymbol{Az}=\boldsymbol{z}^{\mathrm{H}}(\boldsymbol{D}-\boldsymbol{L}-\boldsymbol{U})\boldsymbol{z}=d-2a>0$. 注意到 λ 的分子、分母虚部相等，而当 $0<\omega<2$ 时，有 $(d-\omega a)^2-[(1-\omega)d+\omega a]^2=(2-\omega)\omega d(d-2a)>0$.

由此可得 $|\lambda|<1$，故迭代收敛.由于当松弛因子 $\omega=1$ 时，SOR 迭代法退化为高斯－塞德

尔迭代法，故立即有：

推论 6.3 若式(6.1)的系数矩阵 **A** 对称正定，则高斯-塞德尔迭代法收敛.

6.5.3 上机程序

超松弛迭代的上机程序如下：

```
function out = SOR(A, b, epsron, w)
    n = length(A);
    D = diag(diag(A));
    L =-tril(A, -1);
    U =-triu(A, 1);
    X0 = ones(n, 1);
    X1 = inv(D-w* L)* ((1-w)* D+w* U)* X0+w* inv(D-w* L)* b;
    while norm(X1-X0) > epsron
      X0 = X1;
      X1 = inv(D-w* L)* ((1-w)* D+w* U)* X0+w* inv(D-w* L)* b;
    end
  out = X1;
```

这里 A 表示线性方程组的系数矩阵，b 表示右端常数向量，epsron 表示迭代达到的精度，w 表示松弛参数.

【例 6-3】 给定方程组

$$\begin{bmatrix} 4 & -2 & -1 \\ -2 & 4 & -2 \\ -1 & -2 & 3 \end{bmatrix}\begin{bmatrix} x_1 \\ x_2 \\ x_3 \end{bmatrix}=\begin{bmatrix} 0 \\ -2 \\ 3 \end{bmatrix}$$

(1) 用高斯-赛德尔方法求解，使得误差 $\| \boldsymbol{x}_{k+1}-\boldsymbol{x}_k \|_2 < 10^{-6}$.

(2) 用 SOR 法求解，取 $\omega=1.45$，使得误差 $\| \boldsymbol{x}_{k+1}-\boldsymbol{x}_k \|_2 < 10^{-6}$.

解 取初始值：$\boldsymbol{x}^{(0)}=(1, 1, 1)^{\mathrm{T}}$.如果用高斯-赛德尔迭代法($w=1$)迭代 72 次得：

$$\boldsymbol{x}^{(72)}=(0.999997, 0.999997, 2.000000)$$

用 SOR 迭代法($\omega=1.45$)，只须迭代 23 次即可得到相同的精度：

$$\boldsymbol{x}^{(23)}=(0.9999996, 0.9999998, 2.000000)^{\mathrm{T}}$$

§6.6 上机实验

6.6.1 实验目的

学会用雅可比迭代法、高斯-赛德尔迭代法和SOR方法求解线性方程组.

6.6.2 实验内容与要求

1. 掌握雅可比迭代法、高斯-赛德尔迭代法和SOR迭代方法程序,并应用程序求解方程组.

2. 达到相同精度的条件下,比较三种迭代法的迭代步数和迭代时间,能够画出迭代误差随迭代步数和迭代时间变化的曲线图.

6.6.3 实验题目

分别用雅克比迭代法、高斯-赛德尔迭代法和SOR迭代方法求解下列方程组,使其精度均达到$\|\boldsymbol{x}_{k+1}-\boldsymbol{x}_k\|_2<10^{-6}$,画出迭代误差随迭代步数和迭代时间变化的曲线图.

$$\begin{cases} 10x_1-2x_2-x_3=3 \\ -2x_1+10x_2-x_3=15 \\ -x_1-2x_2+5x_3=10 \end{cases}$$

习题

1. 分别用雅可比迭代法,高斯-塞德尔迭代法解下列方程组

$$\begin{bmatrix} 10 & -2 & -1 \\ -2 & 10 & -1 \\ -1 & -2 & 5 \end{bmatrix}\begin{bmatrix} x_1 \\ x_2 \\ x_3 \end{bmatrix}=\begin{bmatrix} 3 \\ 15 \\ 10 \end{bmatrix}$$

2. 设线性方程组$\boldsymbol{Ax}=\boldsymbol{b}$的系数矩阵

$$\boldsymbol{A}=\begin{bmatrix} 1 & a & 0 \\ a & 1 & a \\ 0 & a & 1 \end{bmatrix}$$

其中a为参数,问a为何值时,雅可比迭代法收敛?

3. 设$\boldsymbol{Ax}=\boldsymbol{b}$的系数矩阵

$$A=\begin{bmatrix}10 & -2 & -1\\ -2 & 10 & -1\\ -1 & -2 & 5\end{bmatrix}$$

判断解 $\boldsymbol{Ax}=\boldsymbol{b}$ 的雅可比迭代法和高斯-塞德尔迭代法的收敛性.

4. 已知线性方程组

$$\begin{cases}10x_1+3x_2+x_3=14\\ 2x_1-10x_2+3x_3=-5\\ x_1+3x_2+10x_3=14\end{cases}$$

(1) 利用雅可比迭代法和高斯-塞德尔迭代法求解下列方程组的解，取 $\boldsymbol{x}^{(0)}=(0,0,0)^{\mathrm{T}}$.

(2) 若使误差 $\|\boldsymbol{x}^{(k)}-\boldsymbol{x}^*\|_\infty<10^{-5}$，问需要迭代多少次.

5. 设方程组

$$\begin{cases}x_1-\frac{1}{4}x_3-\frac{1}{4}x_4=\frac{1}{2}\\ x_2-\frac{1}{4}x_3-\frac{1}{4}x_4=\frac{1}{2}\\ -\frac{1}{4}x_1-\frac{1}{4}x_2+x_3=\frac{1}{2}\\ -\frac{1}{4}x_1-\frac{1}{4}x_2+x_4=\frac{1}{2}\end{cases}$$

(1) 求解次方程组的雅可比迭代法的迭代矩阵 $\boldsymbol{B}_0$ 的谱半径；

(2) 求解次方程组的高斯-塞德尔迭代法的迭代矩阵的谱半径；

(3) 考察解此方程组的雅可比迭代法及高斯-塞德尔迭代法的收敛性.

6. 已知线性方程组

$$\begin{cases}2x_1+3x_2+6x_3=1\\ 4x_1-x_2+2x_3=-2\\ x_1+5x_2+2x_3=4\end{cases}$$

试建立一个收敛的迭代格式，并说明收敛性.

7. 用 SOR 方法求解下列方程组

$$\begin{cases}4x_1-2x_2-4x_3=10\\ -2x_1+17x_2+10x_3=3\\ -4x_1+10x_2+9x_3=-7\end{cases}$$

方程组的精确解是 $\boldsymbol{x}^*=(2,1,-1)^{\mathrm{T}}$.

第 7 章　常微分方程的数值解法

§7.1　引　言

常微分方程的求解问题在实践中经常遇到，但我们只知道一些特殊类型的常微分方程的解析解. 在科学和工程问题中遇到的常微分方程往往很复杂，在许多情况下都不可能求出解的精确表达式. 另外，在许多实际问题中，并不需要方程的精确解，而仅仅需要获得解在若干点上的近似值即可. 也就是说,有的时候我们更关心的是某些特定的自变量在某一个范围内的一系列离散点上的近似值.我们把这样一组近似解称为微分方程在该范围内的数值解,寻找数值解的过程称为求解微分方程.

本章着重讨论一阶常微分方程初值问题

$$\begin{cases} y' = f(x, y), x \in [x_0, b] \\ y(x_0) = y_0 \end{cases} \tag{7.1}$$

的数值解法. 理论上，只要函数 $f(x, y)$ 适当光滑 —— 譬如关于 y 满足李普希兹(Lipschitz)条件

$$|f(x, y_1) - f(x, y_2)| \leqslant L |y_1 - y_2| \tag{7.2}$$

则初值问题(7.1)就存在唯一连续可微解 $y = y(x)$. 因此，在本章讨论中，我们总假定 $f(x, y)$ 满足李普希兹条件.

所谓数值解法，就是寻求 $y(x)$ 在一系列离散节点

$$a \leqslant x_0 < x_1 < x_2 < \cdots < x_n < x_{n+1} < \cdots \leqslant b$$

上的近似值 y_0，y_1，y_2，…，y_n，y_{n+1}，…，其相邻两个节点的距离 $h_n = x_{n+1} - x_n$ 称为步长，我们总假设节点是等距离的，即 $h_n (n = 0, 1, 2, \cdots)$ 为常数 h，这时

$$x_n = x_0 + nh,\ n = 0,\ 1,\ 2,\ \cdots$$

此时节点 x_n 所对应的函数值为

$$y(x_n) = y(x_0 + nh),\ n = 0,\ 1,\ 2,\ \cdots$$

求解方程(7.1)的最基本的方法是单步法,单步法就是从 y_0 开始,依次求出 y_1，y_2，...，后一步的值 y_{n+1} 只依赖前一步的 y_n.另一类是用到 y_{n+1} 前面 k 点的值 y_n，y_{n-1}，...，y_{n-k+1}，成为

k 步法.本章首先将常微分方程(7.1)离散化,建立求数值解的递推公式,其次,研究公式的局部截断误差和阶,数值解 y_n 与精确解 $y(x_n)$ 的误差估计及收敛性,还有递推公式的稳定性问题.

§7.2 欧拉方法

7.2.1 显式欧拉公式

典型的单步法是欧拉方法,其计算格式是

$$y_{n+1}=y_n+hf(x_n, y_n), n=0, 1, 2, \cdots \tag{7.3}$$

这种方法其实就是用差商代替导数,即

$$\frac{y(x_{n+1})-y(x_n)}{h}\approx y'(x_n)=f(x_n, y(x_n))$$

用 y_n 近似代替 $y(x_n)$,则可以得到公式(7.3),(7.3)称为显式欧拉公式. 若初值 y_0 已知,则可由(7.3)逐次算出

$$y_1=y_0+hf(x_0, y_0),$$
$$y_2=y_1+hf(x_1, y_1),$$
$$\vdots$$

【例 7-1】 求解常微分方程初值问题

$$\begin{cases} y'=-y+x+1, x\geqslant 0 \\ y(0)=1 \end{cases}$$

取步长 $h=0.1$,计算到 $x=0.5$.

解 $f(x, y)=-y+x+1$,由显式欧拉公式 $y_{n+1}=y_n+h(-y_n+x_n+1), n=0, 1, 2, \cdots$,依次计算得出结果.

容易求出微分方程的精确解为 $y=x+\mathrm{e}^{-x}$,带入 x 的值可求得解在节点处的精确值,计算结果见表 7.1. 由此可见欧拉法计算结果和精确解计算结果相比,精度很差.

表 7.1 欧拉法和精确解计算结果比较

n	0	1	2	3	5	6
x_n	0	0.1	0.2	0.3	0.4	0.5
y_n	1	1.0	1.01	1.029	1.056	1.09409
$y(x_n)$	1	1.004837	1.018731	1.040818	1.070320	1.106531

7.2.2 隐式欧拉公式

对于在点 x_{n+1} 列出的方程

$$y'(x_{n+1}) = f(x_{n+1}, y(x_{n+1})), \tag{7.4}$$

若用向后差商代替导数，即$\dfrac{y(x_{n+1}) - y(x_n)}{h}$替代导数$y'(x_{n+1})$，则可将式(7.4)离散化得

$$\frac{y(x_{n+1}) - y(x_n)}{h} \approx f(x_{n+1}, y_{n+1}),$$

用y_n近似代替$y(x_n)$，得到

$$y_{n+1} = y_n + hf(x_{n+1}, y_{n+1}). \tag{7.5}$$

称(7.5)为隐式欧拉公式. 隐式欧拉公式与显式欧拉公式有着本质的区别，后者是关于y_{n+1}的一个直接计算公式，而公式(7.5)的右端含有未知的y_{n+1}，它实际上是关于y_{n+1}的一个函数方程，这类公式称作是隐式的.使用显式算法远比隐式算法方便，但是如果考虑到数值稳定性等其他因素，人们有时需要要隐式算法.

隐式欧拉公式(7.5)通常用迭代法求解，而迭代过程的实质是逐步显式化.

设用欧拉公式

$$y_{n+1}^{(0)} = y_n + hf(x_n, y_n)$$

给出迭代初值$y_{n+1}^{(0)}$，用它带入公式(7.5)的右端，使之转化为显示，直接计算得

$$y_{n+1}^{(1)} = y_n + hf(x_{n+1}, y_{n+1}^{(0)}).$$

然后再用$y_{n+1}^{(1)}$代入公式(7.4)的右端，又有

$$y_{n+1}^{(2)} = y_n + hf(x_{n+1}, y_{n+1}^{(1)}).$$

如此反复进行，得

$$y_{n+1}^{(k+1)} = y_n + hf(x_{n+1}, y_{n+1}^{(k)}),\ k = 0, 1, \cdots \tag{7.6}$$

由于$f(x, y)$对y满足李普希兹条件(7.2).由(7.6)式减去(7.5)式得

$$|y_{n+1}^{(k+1)} - y_{n+1}| = h|f(x_{n+1}, y_{n+1}^{(k)}) - f(x_{n+1}, y_{n+1})| \leqslant hL|y_{n+1}^{(k)} - y_{n+1}|$$

由此可知，只要$hL < 1$，迭代法(7.6)就收敛到解y_{n+1}.

7.2.3 改进的欧拉公式

对方程$y' = f(x, y)$的两端从x_n到x_{n+1}积分，得

$$y(x_{n+1}) = y(x_n) + \int_{x_n}^{x_{n+1}} f(x, y(x))\mathrm{d}x \tag{7.7}$$

在式(7.7)中，利用梯形公式近似计算积分，便有

$$y(x_{n+1}) \approx y(x_n) + \frac{h}{2}[f(x_n, y(x_n)) + f(x_{n+1}, y(x_{n+1}))]$$

再用y_n代替$y(x_n)$，y_{n+1}代替$y(x_{n+1})$，便可导出计算公式

$$y_{n+1} = y_n + \frac{h}{2}[f(x_n, y_n) + f(x_{n+1}, y_{n+1})] \tag{7.8}$$

式(7.8)称为梯形公式.

梯形公式是隐式的，可用迭代法求解. 同后退欧拉方法一样，仍用欧拉方法提供迭代初值，则梯形法的迭代公式为

$$\begin{cases} y_{n+1}^{(0)}=y_n+hf(x_n,\ y_n) \\ y_{n+1}^{(k+1)}=y_n+\dfrac{h}{2}[f(x_n,\ y_n)+f(x_{n+1},\ y_{n+1}^{(k)})] \end{cases},\ k=0,\ 1,\ 2,\ \cdots \tag{7.9}$$

可以证明，如果选取 h 充分小，使得 $\frac{hL}{2}<1$，则当 $k\to\infty$时，有 $y_{n+1}^{(k)}\to y_{n+1}$，这说明迭代过程(7.9) 是收敛的.

如果用显式欧拉公式(7.3) 求得一个初步的近似值，记为 $\bar{y}_{n+1}$，称之为预报值. 再将预报值带入梯形公式，即由 $\bar{y}_{n+1}$ 代替 y_{n+1}，直接计算，这一步骤称为校正. 这样，建立的预估－校正系统称为改进的欧拉公式. 这是一种显式公式，是对隐式梯形公式的改进，可以直接计算.

为便于上机编程计算，(7.9) 可改写为

$$\begin{cases} y_p=y_n+hf(x_n,\ y_n) \\ y_c=y_n+hf(x_{n+1},\ y_p) \\ y_{n+1}=\dfrac{1}{2}(y_p+y_c) \end{cases} \tag{7.10}$$

【例 7-2】 利用欧拉公式和改进的欧拉方法求初值问题

$$\begin{cases} y'=y-\dfrac{2x}{y} \\ y(0)=1 \end{cases}$$

在区间[0，1] 上的数值解(取 $h=0.1$)，并与精确解 $y=\sqrt{2x+1}$ 进行比较.

解 将 $f(x,\ y)=y-\frac{2x}{y}$ 代入有关公式.

(1) 欧拉公式计算

$$\begin{cases} y_{n+1}=y_n+h\left(y_n-\dfrac{2x_n}{y_n}\right),\ n=0,\ 1,\ 2,\ \cdots,\ 9 \\ y_0=1,\ h=0.1 \end{cases}$$

(2) 改进的欧拉方法计算

$$\begin{cases} \bar{y}_{n+1}=y_n+h\left(y_n-\dfrac{2x_n}{y_n}\right) \\ y_{n+1}=y_n+\dfrac{h}{2}\left[y_n-\dfrac{2x_n}{y_n}+\bar{y}_{n+1}-\dfrac{2x_{n+1}}{\bar{y}_{n+1}}\right],\ n=0,\ 1,\ 2,\ \cdots,\ 9 \\ y_0=1,\ h=0.1 \end{cases}$$

分别计算，其结果见表 7.2.

表 7.2　计算结果表

x_n	欧拉公式 y_n	改进的欧拉公式 y_n	精确值 $y(x_n)=\sqrt{2x_n+1}$
0.0	1	1	1
0.1	1.1	1.095 909	1.095 445
0.2	1.191 818	1.184 097	1.83 216
0.3	1.277 438	1.266 201	1.264 911
0.4	1.358 213	1.343 360	1.341 641
0.5	1.435 133	1.416 402	1.414 214
0.6	1.508 966	1.485 956	1.483 240
0.7	1.580 338	1.552 514	1549 193
0.8	1.649 783	1616 475	1.612 452
0.9	1.717 779	1.678 166	1.673 320
1.0	1.784 771	1.737 867	1.732 051

图 7.1 所示为数值解与精确解比较图，从表 7.2 和图 7.1 可以看出，改进的欧拉法比显式欧拉法明显提高了精度.

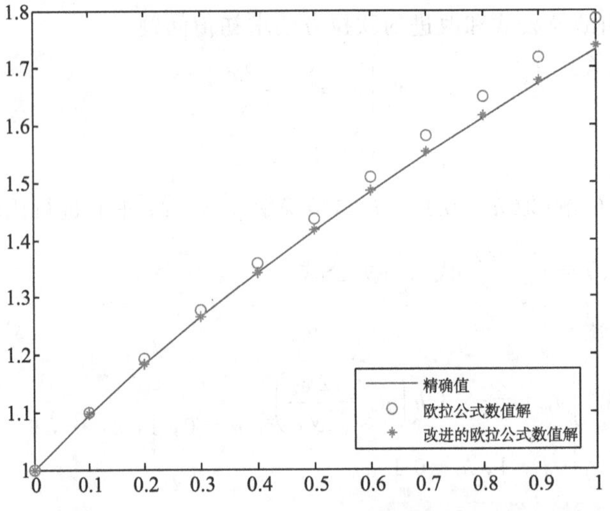

图 7.1　数值解与精确解比较图

7.2.4　欧拉方法的误差估计

定义 7.1　假定 y_n 为准确值，即 $y_n=y(x_n)$，在此前提下，用某种数值计算方法计算 y_{n+1} 的误差 $R_{n+1}=y(x_{n+1})-y_{n+1}$ 称为该数值方法计算 y_{n+1} 的**局部截断误差**.

定义 7.2　若某一数值方法的局部截断误差为 $R_{n+1}=O(h^{p+1})$，p 为正整数，则称这种数值方法为 p **阶方法**，或说该方法具有 p **阶精度**.

下面我们着重讨论欧拉方法的局部截断误差及其阶. 由泰勒公式

$$y(x_{n+1})=y(x_n+h)=y(x_n)+hy'(x_n)+\frac{h^2}{2!}y''(x_n)+\frac{1}{3!}h^3y'''(x_n)+\cdots$$

对于显式欧拉公式(7.3)

$$y_{n+1}=y_n+hf(x_n, y_n)=y(x_n)+hf(x_n, y(x_n))=y(x_n)+hy'(x_n)$$

则其局部截断误差为

$$y(x_{n+1})-y_{n+1}=\frac{h^2}{2!}y''(x_n)+\cdots=O(h^2) \tag{7.11}$$

因此，显式欧拉公式的局部截断误差为$O(h^2)$，该方法是一阶方法.

对于梯形公式(7.8)，由梯形求积公式的误差

$$R_T(f)\leqslant\frac{h^3}{12}\max_{a\leqslant x\leqslant b}|y''(x)|$$

则其局部截断误差为$O(h^3)$. 因此，梯形公式是二阶方法.

对于改进欧拉公式(7.10)，可以将公式改写为

$$\begin{cases}y_{n+1}=y_n+\dfrac{1}{2}(k_1+k_2)\\k_1=hf(x_n, y_n)\\k_2=hf(x_n+h, y_n+k_1)\end{cases} \tag{7.12}$$

在$y_n=y(x_n)$的前提下，有

$$k_1=hf(x_n, y_n)=hy'(x_n)$$

$$\begin{aligned}k_2&=hf(x_n+h, y_n+k_1)=hf(x_n+h, y(x_n)+k_1)\\&=h\left[f(x_n, y(x_n))+h\frac{\partial}{\partial x}f(x_n, y(x_n))+k_1\frac{\partial}{\partial y}f(x_n, y(x_n))+O(h^2)\right]\\&=hf(x_n, y(x_n))+h^2\left[\frac{\partial}{\partial x}f(x_n, y(x_n))+f(x_n, y(x_n))\frac{\partial}{\partial y}f(x_n, y(x_n))+O(h)\right]\\&=hy'(x_n)+h^2y''(x_n)+O(h^3)\end{aligned}$$

将k_1，k_2代入式(7.12)有

$$y_{n+1}=y_n+hy'(x_n)+\frac{1}{2}h^2y''(x_n)+O(h^3)$$

与泰勒公式比较，则其局部截断误差为

$$y(x_{n+1})-y_{n+1}=\frac{h^3}{3!}y'''(x_n)+\cdots-O(h^3)=O(h^3)$$

因此，改进欧拉公式是二阶方法.

7.2.5 上机程序

【例 7-2】的上机程序如下：

```
h = 0.1;
x = 0:h:1;
eu(1) = 1; mdf(1) = 1;                        % 微分方程初值
for j = 2:11
  eu(j) = eu(j-1) +h* (eu(j-1) -2* x(j-1) /eu(j-1)); % 数组 eu 代表显示欧拉数值解
  pred = mdf(j-1) +h* (mdf(j-1) -2* x(j-1) /mdf(j-1));
  corr = mdf(j-1) + h* (pred-2* x(j) /pred);
  mdf(j) = (pred+corr) /2;                    % 数组 mdf 代表预估校正方法数值解
end
exact = sqrt(1+2.* x);                        % 数 exact 代表微分方程精确解
plot(x, exact);
hold on
plot (x, eu, 'or');
plot(x, mdf, '* r');
legend('Exact', 'Euler', 'Modified Euler')
hold off
```

§7.3 龙格-库塔方法

7.3.1 龙格-库塔方法的基本思想

在 7.1 节中，我们得到了一些基本的求微分方程的数值方法，从误差估计知道，这些方法的局部截断误差较大，精度较低，我们希望得到更高阶的方法.

考察差商$\dfrac{y(x_{n+1})-y(x_n)}{h}$. 由微分中值定理，存在点 ξ，使得

$$\frac{y(x_{n+1})-y(x_n)}{h}=y'(\xi),\ \xi\in(x_n,\ x_{n+1})$$

便由方程 $y'=f(x,\ y(x))$ 得到

$$y(x_{n+1})=y(x_n)+hf(\xi,\ y(\xi))$$

其中 $k^*=f(\xi,\ y(\xi))$ 称为$[x_n,\ x_{n+1}]$上的平均斜率.这样，只要对平均斜率提供一种近似算法，便相应导出一种计算格式. 显然，显式欧拉公式(7.2) 就是以 $k_1=f(x_n,\ y_n)$ 作为平均斜率 k^* 的近似. 改进的欧拉公式(7.8) 就是以 x_n 与 x_{n+1} 两个点的斜率值 k_1 与 k_2 取算术平均作为

平均斜率 k^* 的近似.

这个处理过程启示我们，若设法在$[x_n, x_{n+1}]$内多预报几个点的斜率值，然后将它们加权平均数作为平均斜率 k^*，则有可能构造出具有更高精度的计算格式. 这就是龙格 - 库塔(Runge-Kutta) 方法的基本思想.

7.3.2 二阶龙格 - 库塔公式

我们推广改进的欧拉方法，考察区间$[x_n, x_{n+1}]$内任意一点

$$x_{n+p} = x_n + ph,\ 0 < p \leqslant 1$$

用 x_n 和 x_{n+p} 两个点的斜率值 k_1 与 k_2 加权平均得到的平均斜率 k^*，即令

$$y_{n+1} = y_n + h[(1-\lambda)k_1 + \lambda k_2]$$

其中 λ 为待定系数.类似于欧拉预估 — 校正方法，取

$$k_1 = f(x_n, y_n),\ y_{n+p} = y_n + phk_1,\ k_2 = f(x_{n+p}, y_{n+p})$$

这样便有如下计算格式

$$\begin{cases} y_{n+1} = y_n + h[(1-\lambda)k_1 + \lambda k_2] \\ k_1 = f(x_n, y_n) \\ k_2 = f(x_n + ph, y_n + phk_1) \end{cases} \tag{7.13}$$

我们希望适当选取参数 λ，p，使得计算格式(7.13) 具有较高精度.

现仍假定 $y_n = y(x_n)$，分别将 k_1 与 k_2 泰勒展开

$$k_1 = f(x_n, y_n) = y'(x_n)$$

$$\begin{aligned} k_2 &= f(x_{n+p}, y_n + phk_1) \\ &= f(x_n, y_n) + ph[f_x(x_n, y_n) + f(x_n, y_n)f_y(x_n, y_n)] + O(h^2) \\ &= y'(x_n) + phy''(x_n) + O(h^2) \end{aligned}$$

代入式(7.13)

$$y_{n+1} = y(x_n) + hy'(x_n) + \lambda ph^2 y^n(x_n) + O(h^3)$$

与泰勒展开式

$$y(x_{n+1}) = y(x_n) + hy'(x_n) + \frac{h^2}{2}y^n(x_n) + O(h^3)$$

系数相比较，要使式(7.13) 具有二阶精度，须使 $\lambda p = \frac{1}{2}$.因此，我们把满足 $\lambda p = \frac{1}{2}$ 的公式(7.13) 统称为二阶龙格 - 库塔格式.

特别地，当 $p = 1$，$\lambda = \frac{1}{2}$ 时，式(7.13) 就是欧拉预估 — 校正公式.

若取 $p = \frac{1}{2}$，$\lambda = 1$，则式(7.13) 形式为

$$
\begin{cases}
y_{n+1}=y_n+hk_2 \\
k_1=f(x_n, y_n) \\
k_2=f\left(x_n+\dfrac{h}{2}, y_n+\dfrac{h}{2}k_1\right)
\end{cases}
\tag{7.14}
$$

该公式可看作用中点斜率值 k_2 取代平均斜率 k^*，式(7.14) 也可称为中点格式，它具有二阶精度.

7.3.3 高阶龙格 - 库塔公式

为了进一步提高精度，在$[x_n, x_{n+1}]$上可取多个点，预报相应点的斜率值，对这些斜率值加权平均作为平均斜率值.利用泰勒展开，比较相应系数，从而确定在尽可能高的精度下有关参数应满足的条件.

较常用的三阶龙格 - 库塔公式有

$$
\begin{cases}
y_{n+1}=y_n+\dfrac{h}{6}[k_1+4k_2+k_3] \\
k_1=f(x_n, y_n) \\
k_2=f(x_n+\dfrac{h}{2}, y_n+\dfrac{h}{2}k_1) \\
k_3=f(x_n+h, y_n+h(-k_1+2k_2))
\end{cases}
\tag{7.15}
$$

同样最常用的四阶龙格 - 库塔公式是下面的四阶经典龙格 - 库塔公式

$$
\begin{cases}
y_{n+1}=y_n+\dfrac{h}{6}[k_1+2k_2+2k_3+k_4] \\
k_1=f(x_n, y_n) \\
k_2=f(x_n+\dfrac{h}{2}, y_n+\dfrac{h}{2}k_1) \\
k_3=f(x_n+\dfrac{h}{2}, y_n+\dfrac{h}{2}k_2) \\
k_4=f(x_n+h, y_n+hk_3)
\end{cases}
\tag{7.16}
$$

四阶龙格 - 库塔方法的每一步需要计算四次函数值 f，可以证明其截断误差 $O(h^5)$.

§ 7.4 单步法的收敛性与稳定性

7.4.1 收敛性与相容性

微分方程数值解法的基本思想是，利用某种离散化手段将微分方程(7.1) 转化为差分方程.对于显式单步法，我们总可以将其写为

$$y_{n+1}=y_n+h\varphi(x_n, y_n, h) \tag{7.17}$$

比如欧拉方法中 $\varphi(x, y, h)=f(x, y)$，在改进的欧拉方法中

$$\varphi(x, y, h)=\frac{1}{2}(f(x, y)+f(x+h, y+hf(x, y)))$$

设差分方程(7.17) 在 x_n 处的解为 y_n，而初值问题(7.1) 在 x_n 处的精确解为 $y(x_n)$.

记 $e_n=y(x_n)-y_n$，称为整体截断误差. 收敛性讨论的是当 $x=x_n$ 固定且 $h=\dfrac{x_n-x_0}{n}\rightarrow 0$ 时 $e_n\rightarrow 0$ 的问题.

定义 7.3 若一种数值方法对于固定的 $x_n=x_0+nh$，当 $h\rightarrow 0$ 时有 $y_n\rightarrow y(x_n)$，其中 $y(x)$ 是初值问题(7.1) 的精确解，则称该方法是**收敛**的.

【例 7-3】 就初值问题 $\begin{cases} y'=\lambda y \\ y(0)=y_0 \end{cases}$ 考察欧拉显式格式的收敛性.

解 该问题的精确解为 $y(x)=y_0\mathrm{e}^{\lambda x}$

欧拉公式为

$$y_{i+1}=y_i+h\lambda y_i=(1+h\lambda)y_i=(1+h\lambda)^{(i+1)}y_0$$

对于任意固定的 $x=x_i=ih$，有

$$y_i=(1+h\lambda)^{\frac{x_i}{h}}y_0=[(1+h\lambda)^{\frac{1}{h\lambda}}]^{\lambda x_i}y_0$$

当 $h\rightarrow 0$ 时，$(1+h\lambda)^{\frac{1}{h\lambda}}\rightarrow \mathrm{e}$，所以 $y_i\rightarrow \mathrm{e}^{\lambda x_i}y_0$，即 $y_i\rightarrow y(x_i)$.

对于单步法(7.17) 有下述收敛性定理.

定理 7.1 假设单步法(7.17) 具有 p 阶精度，且增量函数 $\varphi(x, y, h)$ 关于 y 满足李普希兹条件 $|\varphi(x, y, h)-\varphi(x, \bar{y}, h)|\leqslant L_\varphi|y-\bar{y}|$，又设初值 y_0 是准确的，即 $y_0=y(x_0)$，则其整体截断误差

$$y(x_n)-y_n=O(h^p)$$

依据定理 7.1 判断单步法(7.17) 的收敛性，归结为验证增量函数 $\varphi(x, y, h)$ 是否满足李普希兹条件，可以证明欧拉方法、改进的欧拉方法都是收敛的.

除了考虑微分方程数值解法的收敛性，还要考虑微分方程的相容性.

定义 7.4 若单步法(7.17) 的增量函数 φ 满足

$$\varphi(x, y, 0)=f(x, y)$$

则称单步法(7.17) 式与初值问题(7.1) **相容**.

相容性指的是微分方程(7.1) 离散化得到的数值方法，当 $h\rightarrow 0$ 时，可得到 $y'(x)=f(x, y)$.

定理 7.2 p 阶方法(7.17) 与初值问题(7.1) 的相容的充分条件是 $p\geqslant 1$.

7.4.2 稳定性

前面关于收敛性的讨论有个前提，必须假定数值方法本身的计算是准确的.实际情况并不

是这样，差分方程的求解还会有计算误差，譬如由于数字舍入而引起的小扰动.这种小扰动在传播过程中会不会恶性增长，以至于“淹没”了差分方程的“真解”呢？这就是差分方法的稳定性问题.在实际计算中，我们希望某一步产生的扰动值，在后面的计算中能够被控制，甚至是逐步衰减的.

定义 7.5 若一种数值方法在节点值 y_n 上大小为 δ 的扰动，于以后各节点值 $y_m(m>n)$ 上产生的偏差均不超过 δ，则称该方法是**稳定**的.

【例 7-4】 考察初值问题 $\begin{cases} y'(x)=-100y(x) \\ y(0)=1 \end{cases}$，其准确解 $y(x)=e^{-100x}$ 是一个按指数曲线衰减得很快的函数，如图 7.2 所示.

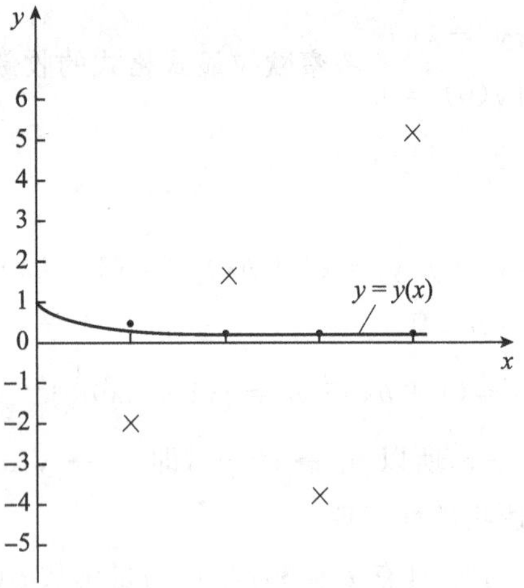

图 7.2 $y=y(x)$ 的图形

用欧拉法解方程得

$$y_{n+1}=(1-100h)y_n$$

若取 $h=0.025$，则欧拉公式的具体形式为

$$y_{n+1}=-1.5y_n$$

计算结果列于表 7.3 中，我们看到，欧拉方法的解 y_n(图 7.2 中用×标出）在准确值 $y(x_n)$ 的上下波动，计算过程明显地不稳定，但若取 $h=0.005$，$y_{n+1}=0.5y_n$，则计算过程稳定.

表 7.3 欧拉法和后退欧拉法比较结果

节点	欧拉方法	后退的欧拉方法	节点	欧拉方法	后退欧拉方法
0.025	−1.5	0.2857	0.075	−3.375	0.0233
0.050	2.25	0.0816	0.100	5.0625	0.0067

再考虑后退的欧拉方法，取 $h=0.025$ 时的计算公式为

$$y_{n+1}=\frac{1}{3.5}y_n$$

计算结果列于表 7.3 中(图 7.2 以 • 号标出),这时计算过程是稳定的.

为了只考察数值方法本身,通常只检验将数值方法用于解模型方程的稳定性,模型方程为

$$y'=\lambda y \tag{7.18}$$

其中 λ 为复数.

下面研究欧拉方法的稳定性.模型方程 $y'=\lambda y$ 的欧拉公式为

$$y_{n+1}=(1+h\lambda)y_n \tag{7.19}$$

设在节点值 y_n 上有一扰动值 ε_n,它的传播节点 y_{n+1} 产生大小为 ε_{n+1} 的扰动值,假设用 $y_n^*=y_n+\varepsilon_n$,按欧拉公式得出 $y_{n+1}^*=y_{n+1}+\varepsilon_{n+1}$ 的计算过程不再有新的误差,则扰动值满足

$$\varepsilon_{n+1}=(1+h\lambda)\varepsilon_n$$

可见扰动值满足原来的差分方程(7.19). 这样,如果差分方程的解是不增长的,即有

$$|y_{n+1}|\leqslant|y_n|$$

则它就是稳定的.这一论断对于下面要研究的其他方法同样适用.

显然,为了保证差分方程(7.18) 的解是不增长的,只要选取 h 充分小,使

$$|1+h\lambda|\leqslant 1 \tag{7.20}$$

在 $\mu=h\lambda$ 的复平面上,这是以(−1,0) 为圆心,1 为半径的单位圆内部(见图 7.3),称为欧拉法的绝对稳定域,相应的绝对稳定区间为(−2,0),一般情形可如下定义.

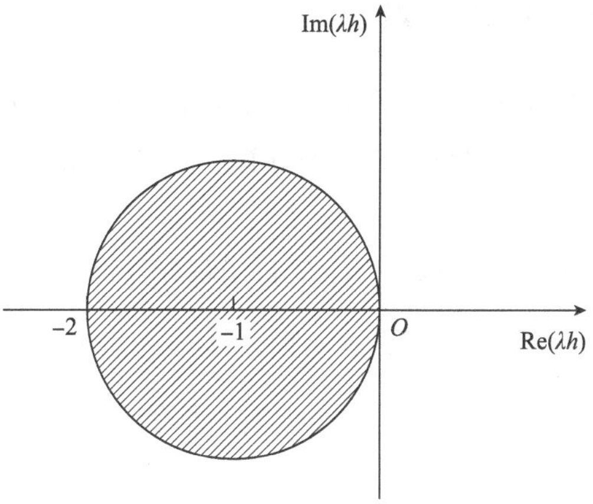

图 7.3 欧拉法的绝对稳定域

定义 7.5 单步法(7.17) 用于解模型方程(7.18),若得到的解 $y_{n+1}=E(h\lambda)y_n$ 满足 $|E(h\lambda)|<1$,则称方法(7.17) 是**绝对稳定**的.在 $\mu=h\lambda$ 的平面上,使 $|E(h\lambda)|<1$ 的变量围成的区域,称为**绝对稳定域**,它与实轴的交称为**绝对稳定区间**.

对欧拉法 $E(h\lambda)=1+h\lambda$,其绝对稳定域由(7.20) 式给出,绝对稳定区间为 $-2<h\lambda<0$,在【例 7-4】中 $\lambda=-100$,$-2<-100h<0$,即 $0<h<2/100=0.02$ 为绝对稳定区间,【例 7-4】中取 $h=0.025$,故它是不稳定的,当取 $h=0.005$ 时它是稳定的.

对于二阶龙格－库塔方法,将其用于解模型方程(7.18),同样可以得到稳定区域和绝对稳

定区间.

对于隐式单步法,可以用同样的方法讨论绝对稳定性.例如对后退欧拉法,用它解模型方程,可得

$$y_{n+1}=\frac{1}{1-h\lambda}y_n$$

故

$$E(h\lambda)=\frac{1}{1-h\lambda}$$

由 $|E(h\lambda)|=\left|\frac{1}{1-h\lambda}\right|<1$,可得绝对稳定域为 $|1-h\lambda|>1$,它是以(1,0)为圆心,1为半径的单位圆外部,故绝对稳定区间为 $-\infty<h\lambda<0$.当 $\lambda<0$ 时,则 $0<h<\infty$,即对于任何步长都是稳定的.

§7.5　线性多步方法

7.5.1　线性多步方法的基本思想

在微分方程求解的递推公式中,计算 y_{n+1} 之前,事实上,近似值 y_0,y_1,…,y_n 已经求出,若能充分利用第 $n+1$ 步前面的多步信息来计算 y_{n+1},就可以希望获得较高的精度. 这就是构造线性多步方法的思想.

我们已经知道,微分方程初值问题(7.1) 等价于积分方程

$$y(x_{n+1})=y(x_n)+\int_{x_n}^{x_{n+1}} f[x,\ y(x)]\mathrm{d}x.$$

用 k 次插值多项式 $P_k(x)$ 来代替 $f[x,\ y(x)]$,即令 $f[x,\ y(x)]=P_k(x)+R_k(x)$,则有

$$y(x_{n+1})=y(x_n)+\int_{x_n}^{x_{n+1}} P_k(x)\mathrm{d}x+\int_{x_n}^{x_{n+1}} R_k(x)\mathrm{d}x$$

舍去余项

$$R_n=\int_{x_n}^{x_{n+1}} R_k(x)\mathrm{d}x$$

设 $y_n=y_{(x_n)}$,而 y_{n+1} 为 $y_{(x_{n+1})}$ 的近似值,便可得到一类线性多步方法的计算公式

$$y_{n+1}=y_n+\int_{x_n}^{x_{n+1}} P_k(x)\mathrm{d}x \tag{7.21}$$

$P_k(x)$ 分别取 0 次和 1 次多项式,就是我们已知的显式、隐式欧拉公式和梯形公式.若需要提高计算精度,就要用更高次的插值多项式 $P_k(x)$ 来代替 $f[x,\ y(x)]$.

7.5.2 阿当姆斯外插公式及其误差

在式(7.21)中，作三次插值多项式$P_3(x)$，选取x_n，x_{n-1}，x_{n-2}，x_{n-3}作为插值节点，记$F(x)=f[x, y(x)]$，则$F(x)$的三次插值多项式

$$P_3(x)=\sum_{i=0}^{3}\left(\prod_{\substack{j=0\\ J\neq i}}^{3}\frac{x-x_{n-j}}{x_{n-i}-x_{n-j}}F(x_{n-i})\right)$$

其插值余项为$R_3(x)=\dfrac{1}{4!}F^{(4)}(\xi_n)(x-x_n)(x-x_{n-1})(x-x_{n-2})(x-x_{n-3})$.

由式(7.21)，令$x=x_n+th$（h为步长），则

$$\int_{x_n}^{x_{n+1}}P_3(x)\mathrm{d}x=\int_0^1\Big[\frac{1}{3!}F(x_n)(t+1)(t+2)(t+3)+\frac{1}{-2}F(x_{n-1})t(t+2)(t+3)+$$

$$\frac{1}{2}F(x_{n-2})t(t+1)(t+3)+\frac{1}{-3!}F(x_{n-3})t(t+1)(t+2)\Big]h\,\mathrm{d}t$$

$$=\frac{h}{24}[55F(x_n)-59F(x_n)+37F(x_{n-2})-9F(x_{n-3})]$$

这样，便有式

$$y_{n+1}=y_n+\frac{h}{24}[55f(x_n, y_n)-59f(x_{n-1}, y_{n-1})+37f(x_{n-2}, y_{n-2})-9f(x_{n-3}, y_{n-3})]$$

$$n=3, 4, 5, \cdots \tag{7.22}$$

式(7.22)称为线性四步阿当姆斯(Adams)显式公式. 由于插值多项式$P_3(x)$是在$[x_{n-3}, x_n]$上作出的，而积分区间为$[x_n, x_{n+1}]$，所以式(7.18)也称为阿当姆斯外插公式. 其局部截断误差就是数值积分的误差为

$$R_n=\int_{x_n}^{x_n}R_3(x)\mathrm{d}x$$

$$=\int_{x_n}^{x_n}\frac{1}{24}F^{(n)}(\xi_n)(x-x_n)(x-x_{n-1})(x-x_{n-2})(x-x_{n-3})\mathrm{d}x$$

由于$(x-x_n)(x-x_{n-1})(x-x_{n-2})(x-x_{n-3})$在$[x_{n-1}, x_n]$上不变号，并设$F^{(4)}(x)$在$[x_{n-1}, x_n]$上连续，利用积分第二中值定理，存在$\eta_n\in[x_n, x_{n+1}]$,使得

$$R_n=\frac{1}{24}F^{(n)}(\xi_n)\int_{x_n}^{x_n}(x-x_n)(x-x_{n-1})(x-x_{n-2})(x-x_{n-3})\mathrm{d}x$$

$$=\frac{251}{720}h^5F^{(4)}(\eta_n)=\frac{251}{720}h^5y^{(5)}(\eta_n)=O(h^5) \tag{7.23}$$

因此，式(7.23)是一个四阶公式.

注意到阿当姆斯外插公式要进行计算，必须提供初值y_1，y_0，y_2，y_3. 实际计算中，常用四阶龙格 - 库塔方法计算出这些初值. 然后再由阿当姆斯外插公式计算.

【例 7-5】 用阿当姆斯外插公式求解初值问题

$$\begin{cases} \dfrac{dy}{dx} = y - \dfrac{2x}{y} \\ y(0) = 1 \end{cases}$$

在[0，1]上的数值解(取 $h = 0.1$).

解 先由四阶龙格 - 库塔方法求出初值，结果见表 7.4.

表 7.4 初值结果表

x_n	0	0.1	0.2	0.3
y_n	1	1.095 446	1.183 217	1.264 916

然后由式(7.22) 计算其他点处的值，结果见表 7.5.

表 7.5 其他点结果表

x_n	0.4	0.5	0.6	0.7	0.8	0.9	1.0
y_n	1.341 551	1.414 045	1.483 017	1.548 917	1.612 114	1.672 914	1.731 566
$y_{(x_n)}$	1.341 641	1.414 214	1.483 240	1.549 193	1.612 452	1.673 320	1.732 051

7.5.3 阿当姆斯内插公式

在式(7.17) 中，若以 x_{n+1}，x_n，x_{n-1}，x_{n-2} 为插值节点作 $f(x, y(x))$ 的三次插值多项式，类似于上段做法，可得计算公式及截断误差

$$y_{n+1} = y_n + \frac{h}{24}[9f_{n+1} + 19f_n - 5f_{n-1} + f_{n-2}] \tag{7.24}$$

$$R_n = -\frac{19}{720}h^5 y^{(5)}(\eta_n) = O(h^5) \tag{7.25}$$

式(7.24) 称为线性三步阿当姆斯公式，或称为阿当姆斯内插公式，也是四阶方法.

式(7.24) 是隐式公式，不便于直接使用. 仿照改进欧拉公式的构造方法，将显式(7.22) 与隐式(7.24) 结合，则有以下预估 — 校正公式，即

$$\begin{cases} \text{预估}\ \bar{y}_{n+1} = y_n + \dfrac{h}{24}[55f_n - 59f_{n-1} + 37f_{n-2} - 9f_{n-3}] \\ \qquad f_{n+1} = f(x_{n+1}, \bar{y}_{n+1}) \\ \text{校正}\ y_{n+1} = y_n + \dfrac{h}{24}[9\bar{f}_{n+1} + 19f_n - 5f_{n-1} + f_{n-2}] \\ \qquad n = 3, 4, 5, \cdots \end{cases}$$

上面我们建立了两个四阶的线性多步公式，在实际计算中经常使用，从理论上，还可以建立更高阶的线性多步公式，但由于高阶拉格朗日插值多项式不一定一致地收敛于被插值函数(甚至出现龙格现象). 特别地，它的导数不一定能更好地近似被插值函数的导数，所以建立更高阶的多步公式没有太大的意义.

§7.6 一阶微分方程组和高阶微分方程的数值解法

7.6.1 一阶微分方程组的数值解法

前面介绍了一阶常微分方程的各种解法，对微分方程组同样适用. 其计算公式，截断误差推导与一阶方程类似，下面以两个未知函数的方程组为例，并直接给出计算公式. 设讨论的微分方程组初值问题为

$$\begin{cases}\dfrac{\mathrm{d}y}{\mathrm{d}t}=f(t,\ y,\ z),\ y(t_0)=y_0,\ t_0\leqslant t\leqslant T\\[2ex]\dfrac{\mathrm{d}z}{\mathrm{d}t}=g(t,\ y,\ z),\ z(t_0)=z_0\end{cases}$$

（1）欧拉计算公式为

$$\begin{cases}y_{n+1}=y_n+hf(t_n,\ y_n,\ z_n)\\z_{n+1}=z_n+hg(t_n,\ y_n,\ z_n)\end{cases}\tag{7.26}$$

（2）标准四阶龙格-库塔计算公式为

$$\begin{cases}y_{n+1}=y_n+\dfrac{1}{6}(k_1+2k_2+2k_3+k_4)\\[2ex]z_{n+1}=z_n+\dfrac{1}{6}(m_1+2m_2+2m_3+m_4)\end{cases}\tag{7.27}$$

其中

$$\begin{cases}k_1=hf(t_n,\ y_n,\ z_n)\\m_1=hg(t_n,\ y_n,\ z_n)\\k_2=hf(t_n+h/2,\ y_n+k_1/2,\ z_n+m_1/2)\\m_2=hg(t_n+h/2,\ y_n+k_1/2,\ z_n+m_1/2)\\k_3=hf(t_n+h/2,\ y_n+k_2/2,\ z_n+m_2/2)\\m_3=hg(t_n+h/2,\ y_n+k_2/2,\ z_n+m_2/2)\\k_4=hf(t_n+h,\ y_n+k_3,\ z_n+m_3)\\m_4=hg(_n+h,\ y_n+k_3,\ z_n+m_3)\end{cases}$$

（3）四阶阿当姆斯外插计算公式为

$$y_{n+1}=y_n+\frac{h}{24}[55f_n-59f_{n-1}+37f_{n-2}-9f_{n-3}]$$

$$z_{n+1}=z_n+\frac{h}{24}[55g_n-59g_{n-1}+37g_{n-2}-9g_{n-3}]\tag{7.28}$$

7.6.2 高阶常微分方程

对于高阶常微分方程，它总可以化成方程组的形式. 例如，二阶方程

$$\begin{cases} y''=f(x, y, y') \\ y(x_0)=y_0, y'(x_0)=y'(x_0) \end{cases} \tag{7.29}$$

我们可以将其化为一阶方程组

$$\begin{cases} y'=z \\ z'=f(x, y, z) \\ y(x_0)=y_0, z(x_0)=y'_0=z_0 \end{cases} \tag{7.30}$$

再利用常微分方程组的数值解法进行求解.

若将上述方法推广至 m 阶微分方程的初值问题：

$$y^{(m)}=f(x, y, y', \cdots, y^{(m-1)}) \tag{7.31}$$

初始条件为

$$y(x_0)=y_0, y'(x_0), \cdots, y^{(m-1)}(x_0) \tag{7.32}$$

我们引进新的变量 $y_1=y$，$y_2=y'$，…，$y_m=y^{(m-1)}$，即可将 m 阶方程(7.28)化为如下的一阶方程组

$$\begin{cases} y'_1=y_2 \\ y'_2=y_3 \\ \quad\vdots \\ y'_{m-1}=y_m \\ y'_m=f(x, y_1, y_2, \cdots, y_m) \end{cases} \tag{7.33}$$

则初始条件相应地化为

$$y_1(x_0)=y_0, y_2(x_0)=y'_0, \cdots, y_m(x_0)=y_0^{(m-1)} \tag{7.34}$$

不难证明，式(7.33)、式(7.34) 和式(7.31)、式(7.32) 是等价的.

7.6.3 算法评价

本章着重介绍了常微分方程初值问题的数值解法，主要有欧拉方法，龙格 - 库塔方法及线性多步方法等.

欧拉方法是最简单、最基本的方法，利用差商代替微商，就可以得到一系列欧拉公式.这些公式形式简洁，易于编程计算，但精度较低，可方便用于精度不高的近似计算.

龙格 - 库塔方法是利用区间上多个点的斜率值的加权平均的思想，得出的高精度的计算公式.特别是四阶龙格 - 库塔公式，易于编程计算，精度较高，是常用的工程计算方法.

线性多步方法是在用插值多项式代替被积函数的基础上构造的，它可利用前面若干步计算结果的信息，使计算结果提高精度，适用于 $f(x, y)$ 较复杂的情形.但需利用其他方法提供初值.

§7.7 上机实验

7.7.1 实验目的

1. 掌握求解微分方程几种数值方法：显式欧拉公式、隐式欧拉公式、龙格-库塔方法，并比较几种方法的精度和效率.

2. 利用 MATLAB 软件中求解微分方程和微分方程组.

7.7.2 实验内容与要求

1. 写出显式欧拉公式、隐式欧拉公式、梯形公式和龙格-库塔方法的 MATLAB 程序，并比较几种方法的精度和效率.

2. 利用 MATLAB 中已有的程序求解常微分方程.

MATLAB 中常用的求解常微分方程的命令有以下两个.

① `[T,Y] = solver(odefun,tspan,y0)`

说明：该命令在区间 tspan 上，用初始条件 y0 求解显式微分方程 $y'=f(t, y)$.

Solver 为命令 ode45、ode23、ode113、ode15s、ode23s、ode23t、ode23tb 之一，见表 7.6.

表 7.6 不同求解器 Solver 的特点

求解器 Solver	ODE 类型	特点	说明
ode45	非刚性	一步算法，4，5 阶 Runge-Kutta 方程，累计截断误差达$(\Delta x)^3$	大部分场合的首选算法
ode23	非刚性	一步算法，2，3 阶 Runge-Kutta 方程，累计截断误差达$(\Delta x)^3$	适用于精度较低的情形
ode113	非刚性	多步法，Adams 算法，高低精度均可到 $10^{-3}\sim10^{-5}$	计算时间比 ode45 短
ode23t	适度刚性	采用梯形算法	适度刚性情形
ode15s	刚性	多步法. Gear's 反向数值积分，精度中等	若 ode45 失效时，可尝试使用
ode23s	刚性	一步法，2 阶 Rosebrock 算法，低精度	当精度较低时，计算时间比 ode15s 短

【例 7-6】 求解微分方程 $y'=-2y+2x^2+2x$，$0\leqslant x\leqslant 0.5$，$y(0)=1$.

```
fun=inline('-2* y+2* x^2+2* x','x','y');
[x,y]=ode23(fun,[0,0.5],1)
```

【例 7-7】 求解描述振荡器的经典的 Ver der Pol 微分方程

$$\frac{d^2y}{dt^2}-\mu(1-y^2)\frac{dy}{dt}+y=0,\ y(0)=1,\ y'(0)=0$$

分析：令 $x_1=y$，$x_2=dy/dt$，$\mu=7$，则

$$dx_1/dt=x_2$$

$$dx_2/dt=7(1-x_1^2)x_2-x_1$$

编写函数文件 vdp.m：

```
function fy=vdp(t,x)
fy=[x(2);7* (1-x(1)^2)* x(2)-x(1);]
```

在命令窗口中执行：

```
Y0=[1;0]
[t,x]=ode('vdp',[0,40],Y0);
y=x(:,1);dy=x(:,2);
plot(t,x,t,dy)
```

图形结果如图 7.4 和 7.5 所示：

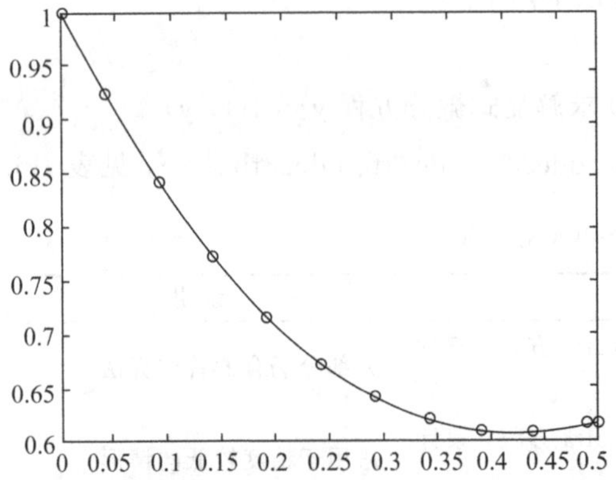

图 7.4 【例 7-6】图形结果

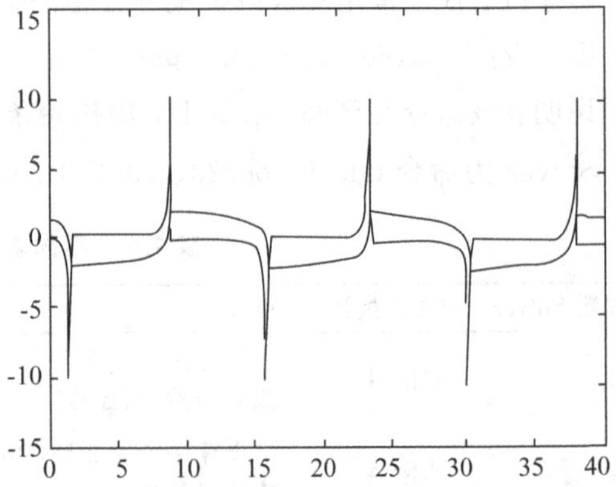

图 7.5 【例 7-7】图形结果

② 常微分方程的符号解

```
S=dsolve('eq1, eq2, …','cond1,cond2,…','v')
```

用字符串方程表示，自变量缺省值为 t. 导数用 D 表示，二阶导数用 D2 表示，以此类推. S 返回解析解. 在方程组情形，S 为一个符号结构.

【例 7-8】 求解微分方程

$$y'=-y+t+1,y(0)=1$$

解 先求解析解，再求数值解，并进行比较. 由

```
s=dsolve('Dy=-y+t+1','y(0)=1','t')
simplify(s)
```

可得解析解为 $y=t+e^{-t}$

【例 7-9】 求解微分方程组

$$f'=f+g, g'=g-f, f'(0)=1, g'(0)=1$$

解 输入下列命令：

```
s=dsolve('Df=f+g','Dg=g-f','f(0)=1','g(0)=1')
simplify(s.f)
simplify(s.g)
```

得出结果：

```
ans=exp(t)*cos(t)+exp(t)*sin(t)
ans=-exp(t)*sin(t)+exp(t)*cos(t)
```

7.7.3 实验题目

1.利用显式欧拉公式、隐式欧拉公式、梯形公式和龙格-库塔方法求解微分方程的初值问题，画出图形，比较几种方法的精度和效率.

$$\begin{cases} y'=y+2x, \ 0\leqslant x\leqslant 3 \\ y(0)=1 \end{cases}$$

2. 求方程

$$ml\theta'=mg\sin\theta, \theta(0)=\theta_0, \theta'(0)=0$$

的数值解. 不妨取 $l=1, g=9.8, \theta(0)=15$.

习　题

1. 分别用显式欧拉公式和欧拉预估-校正公式求解初值问题

$$\begin{cases} y'=x^2+y^2 \\ y(0)=1 \end{cases}$$

在 $x\in[0, 0.5]$ 上的数值解(取 $h=0.1$).

2. 证明欧拉预估-校正公式可精确求解初值问题 $y'=ax+b$, $y(0)=0$.

3. 用标准四阶龙格-库塔方法求解初值问题(取 $h=0.2$) $\begin{cases} y'=\dfrac{3y}{1+x}, \ 0\leqslant x\leqslant 1, \\ y(0)=1. \end{cases}$

4. 用阿当姆斯外插公式求初值问题 $\begin{cases} y'=x+y \\ y(0)=0 \end{cases}$ 在[0, 1]上的数值解(取 $h=0.1$).

5. 证明对任何参数 t，下列是二阶龙格-库塔公式

$$
\begin{cases}
y_{n+1}=y_n+\frac{1}{2}(k_2+k_3)\\
k_1=hf(x_n,\ y_n)\\
k_2=hf(x_n+th,\ y_n+tk_1)\\
k_3=hf(x_n+(1-t)h,\ y_0+(1-t)k_2)
\end{cases}
$$

6. 对初值问题 $y'=f(x,\ y)$，$y(x_0)=y_0$ 的计算公式

$$
y_{n+1}=y_n+h[af(x_n,\ y_n)+bf(x_{n-1},\ y_{n-1})+cf(x_{n-2},\ y_{n-2})]
$$

假设 $y_{n-2}=y(x_{n-2})$，$y(x_{n-1})=y_{n-1}$，$y(x_n)=y_n$，试确定参数 a，b，c，使该公式的局部截断误差为 $O(h^4)$.

7. 利用标准四阶龙格 - 库塔公式求解微分方程组

$$
\begin{cases}
y'=\dfrac{1}{z-x},\ y(0)=1\\
z'=-\dfrac{1}{y}+1,\ z(0)=1
\end{cases}
$$

在 $x\in[0,\ 1]$ 上的数值解(取 $h=0.2$).

8. 构造形如

$$
y_{n+1}=a_0y_n+a_2y_{n-1}+a_2y_{n-2}+h[b_0f(x_n,\ y_n)+b_1f(x_{n-1},\ y_{n-1})+b_2f(x_{n-2},\ y_{n-2})]
$$

的三阶线性三步公式.

第 8 章 矩阵的特征值和特征向量的计算

§ 8.1 引 言

许多工程实际问题的求解，如振动问题、稳定性问题等，最终都归结为求某些矩阵的特征值和特征向量的问题.我们知道，n 阶方阵 $\boldsymbol{A} \in \mathbf{R}^{n\times n}$ 的特征值与特征向量，是满足如下两个方程的数 $\lambda \in \mathbf{C}$ 和非零向量 $\boldsymbol{x} \in \mathbf{C}^n$：

$$p(\lambda) = \det(\boldsymbol{A} - \lambda \boldsymbol{I}) = 0 \tag{8.1}$$

$$\boldsymbol{A}\boldsymbol{x} = \lambda \boldsymbol{x} \text{ 或} (\boldsymbol{A} - \lambda \boldsymbol{I})\boldsymbol{x} = 0 \tag{8.2}$$

式(8.1) 称为矩阵 $\boldsymbol{A}$ 的特征方程，$\boldsymbol{I}$ 是 n 阶单位阵，$\det(\boldsymbol{A} - \lambda \boldsymbol{I})$ 表示方阵 $\boldsymbol{A} - \lambda \boldsymbol{I}$ 的行列式，它是 λ 的 n 次代数多项式，当 n 较大时其零点难以准确求解，只能通过近似计算得到，而高次方程近似求根的稳定性差，求得的近似解会有较大误差. 因此，从数值计算的观点来看，用特征多项式来求矩阵特征值的方法并不可取，必须建立有效的数值方法.

在实际应用中，求矩阵的特征值和特征向量通常采用迭代法，其基本思想是，将特征值和特征向量作为一个无限序列的极限来求得，舍入误差对这类方法的影响很小，但通常计算量较大.

本章将介绍一些计算机上常用的两类方法，一类是幂法及反幂法(迭代法)；另一类是正交相似变换的方法(变换法).

§ 8.2 幂法与反幂法

8.2.1 幂法

在一些工程、物理问题中，通常只需要我们求出矩阵的按模最大的特征值(称为 $\boldsymbol{A}$ 的主特征值) 和相应的特征向量，对于解这种特征值问题，应用幂法是合适的. 幂法是一种计算实矩阵 $\boldsymbol{A}$ 的主特征值的一种迭代法，最大的优点是方法简单，对稀疏矩阵较合适，但有时收敛速度很慢.

设实矩阵$\boldsymbol{A}=(a_{ij})_n$有一个完全的特征向量组，其特征值为$\lambda_1,\cdots,\lambda_n$，相应的特征向量为$\boldsymbol{x}_1,\boldsymbol{x}_2,\cdots,\boldsymbol{x}_n$. 已知$\boldsymbol{A}$的主特征值是实根，且满足下述条件

$$|\lambda_1|>|\lambda_2|\geqslant|\lambda_3|\geqslant\cdots\geqslant|\lambda_n|$$

幂法的基本思路是任取一个非零的初始向量$\boldsymbol{v}_0$，由矩阵$\boldsymbol{A}$构造一向量序列

$$\begin{cases}\boldsymbol{v}_1=\boldsymbol{A}\boldsymbol{v}_0\\ \boldsymbol{v}_2=\boldsymbol{A}\boldsymbol{v}_1=\boldsymbol{A}^2\boldsymbol{v}_0\\ \qquad\vdots\\ \boldsymbol{v}_{k+1}=\boldsymbol{A}\boldsymbol{v}_k=\boldsymbol{A}^{k+1}\boldsymbol{v}_0\\ \qquad\vdots\end{cases}\tag{8.3}$$

称为迭代向量. 由假设$\boldsymbol{v}_0$可表示为

$$\boldsymbol{v}_0=a_1\boldsymbol{x}_1+a_2\boldsymbol{x}_2+\cdots+a_n\boldsymbol{x}_n\ (\text{设}\ a_1\neq 0)\tag{8.4}$$

于是

$$\begin{aligned}\boldsymbol{v}_k&=\boldsymbol{A}\boldsymbol{v}_{k-1}=\boldsymbol{A}^k\boldsymbol{v}_0=a_1\lambda_1^k\boldsymbol{x}_1+a_2\lambda_2^k\boldsymbol{x}_2+\cdots+a_n\lambda_n^k\boldsymbol{x}_n\\ &=\lambda_1^k[a_1\boldsymbol{x}_1+\sum_{i=2}^n a_1(\frac{\lambda_i}{\lambda_1})^k\boldsymbol{x}_i]=\lambda_1^k[a_1\boldsymbol{x}_1+\boldsymbol{\varepsilon}_k]\end{aligned}\tag{8.5}$$

其中$\boldsymbol{\varepsilon}_k=\sum\limits_{i=2}^n a_i\left(\dfrac{\lambda_i}{\lambda_1}\right)^k\boldsymbol{x}_i$.

由假设$|\dfrac{\lambda_i}{\lambda_1}|<1\ (i=2,3,\cdots,n)$，故$\boldsymbol{\varepsilon}_k\to\boldsymbol{0}\ (k\to\infty)$，从而

$$\lim_{k\to\infty}\frac{\boldsymbol{v}_k}{\lambda_1^k}=a_1\boldsymbol{x}_1$$

这说明序列$\dfrac{\boldsymbol{v}_k}{\lambda_1^k}$越来越接近$\boldsymbol{A}$的对应于$\lambda_1$的特征向量，或者说当$k$充分大时

$$\boldsymbol{v}_k\approx a_1\lambda_1^k\boldsymbol{x}_1\tag{8.6}$$

即迭代向量$\boldsymbol{v}_k$为λ_1的特征向量的近似向量(除一个因子外).

下面再考虑主特征值λ_1的计算. 用$(\boldsymbol{v}_k)_i$表示$\boldsymbol{v}_k$的第i个分量，则

$$\frac{(\boldsymbol{v}_{k+1})_i}{(\boldsymbol{v}_k)_i}=\lambda_1\{\frac{a_1(\boldsymbol{x}_1)_i+(\boldsymbol{\varepsilon}_{k+1})_i}{a_1(\boldsymbol{x}_1)_i+(\boldsymbol{\varepsilon}_k)_i}\}\tag{8.7}$$

取极限得到

$$\lim_{k\to\infty}\frac{(\boldsymbol{v}_{k+1})_i}{(\boldsymbol{v}_k)_i}=\lambda_1\tag{8.8}$$

也就是说两相邻迭代向量分量的比值收敛到主特征值.

这种由已知非零向量$\boldsymbol{v}_0$及矩阵$\boldsymbol{A}$的乘幂$\boldsymbol{A}_k$构造向量序列$\{\boldsymbol{v}_k\}$以计算$\boldsymbol{A}$的主特征值λ_1，(利用式(8.7))及相应特征向量(利用式(8.6))的方法称为**幂法**.

由式(8.7)知$\dfrac{(\boldsymbol{v}_{k+1})_i}{(\boldsymbol{v}_k)_i}=\lambda_1$的收敛速度由比值$r=\lambda_2/\lambda_1$来确定，$r$越小收敛越快，但当

$r=\lambda_2/\lambda_1 \approx 1$ 时收敛可能就很慢.

总结上述讨论，有：

定理 8.1 设 $\boldsymbol{A} \in \mathbf{R}^{n\times n}$ 有 n 个线性无关的特征向量，主特征值 λ_1 满足 $|\lambda_1|>|\lambda_2|\geqslant|\lambda_3|\geqslant\cdots\geqslant|\lambda_n|$，则对任何非零初始向量 $\boldsymbol{v}(a_1\neq 0)$,式 (8.6) 和 (8.8) 成立.

若 $\boldsymbol{A}$ 的主特征值为实重根，即 $\lambda_1=\lambda_2=\cdots=\lambda_r$，且

$$|\lambda_r|>|\lambda_{r+1}|\geqslant\cdots\geqslant|\lambda_n|$$

又设 $\boldsymbol{A}$ 有 n 个线性无关的特征向量，λ_1 对应的 r 个线性无关特征向量为 $\boldsymbol{x}_1$，$\boldsymbol{x}_2$，…，$\boldsymbol{x}_r$ 则由式(8.3)

$$\boldsymbol{v}_k=\boldsymbol{A}^k\boldsymbol{v}_0=\lambda_1^k\{\sum_{i=1}^{r}a_i\boldsymbol{x}_i+\sum_{i=r+1}^{n}a_i\left(\frac{\lambda_i}{\lambda_1}\right)^k\boldsymbol{x}_i\}$$

$$\lim_{k\to\infty}\frac{\boldsymbol{v}_k}{\lambda_1^k}=\sum_{i=1}^{r}a_i\boldsymbol{x}_i\,(\text{设}\sum_{i=1}^{r}a_i\boldsymbol{x}_i\neq 0)$$

这说明当 $\boldsymbol{A}$ 的主特征值是实的重根时，定理 8.1 的结论还是正确的.

应用幂法计算 $\boldsymbol{A}$ 的主特征值 λ_1 及对应的特征向量时，如果 $|\lambda_1|>1$(或 $|\lambda_1|<1$)，迭代向量 $\boldsymbol{v}_k$ 的各个不等于零的分量将随 $k\to\infty$而趋向于无穷(或趋于零)，这样在计算机计算时就可能“溢出”. 为了克服这个缺点，求需要将代向量加以规范化. 设有一向量 $\boldsymbol{v}\neq 0$，将其规范化得到向量 $\boldsymbol{u}=\dfrac{\boldsymbol{v}}{\max(\boldsymbol{v})}$，其中$\max(\boldsymbol{v})$ 表示向量 $\boldsymbol{v}$ 的绝对值最大的分量.

在定理 8.1 的条件下幂法可这样进行：任取一初始向量 $\boldsymbol{v}_0\neq\boldsymbol{0}(a_1\neq 0)$，构造向量序列 $\max\{\boldsymbol{v}_k\}$：

$$\begin{cases}\boldsymbol{v}_1=\boldsymbol{A}\boldsymbol{u}_0=\boldsymbol{A}\boldsymbol{v}_0,\ \boldsymbol{u}_1=\dfrac{\boldsymbol{v}_1}{\max\boldsymbol{v}_1}=\dfrac{\boldsymbol{A}\boldsymbol{v}_0}{\max(\boldsymbol{A}\boldsymbol{v}_0)}\\[2ex]\boldsymbol{v}_2=\boldsymbol{A}u_1=\dfrac{\boldsymbol{A}^2\boldsymbol{v}_0}{\max(\boldsymbol{A}\boldsymbol{v}_0)},\ \boldsymbol{u}_2=\dfrac{\boldsymbol{v}_2}{\max(\boldsymbol{v}_2)}=\dfrac{\boldsymbol{A}^2\boldsymbol{v}_0}{\max(\boldsymbol{A}^2\boldsymbol{v}_0)}\\ \vdots \qquad\qquad\qquad \vdots\\ \boldsymbol{v}_k=\dfrac{\boldsymbol{A}^k\boldsymbol{v}_0}{\max(\boldsymbol{A}^{k-1}\boldsymbol{v}_0)},\ \boldsymbol{u}_k=\dfrac{\boldsymbol{A}^k\boldsymbol{v}_0}{\max(\boldsymbol{A}^k\boldsymbol{v}_0)}\end{cases}$$

由式(8.3)

$$\boldsymbol{A}^k\boldsymbol{v}_0=\sum_{i=1}^{n}a_i\lambda_i^k\boldsymbol{x}_i=\lambda_1^k[a_1\boldsymbol{x}_1+\sum_{i=2}^{n}a_i\left(\frac{\lambda_i}{\lambda_1}\right)^k\boldsymbol{x}_i]$$

$$\boldsymbol{u}_k=\frac{\boldsymbol{A}^k\boldsymbol{v}_0}{\max(\boldsymbol{A}^k\boldsymbol{v}_0)}=\frac{\lambda_1^k[a_1\boldsymbol{x}_1+\sum_{i=2}^{n}a_i\left(\frac{\lambda_i}{\lambda_1}\right)^k\boldsymbol{x}_i]}{\max[\lambda_1^k(a_1\boldsymbol{x}_1+\sum_{i=2}^{n}a_i\left(\frac{\lambda_i}{\lambda_1}\right)^k\boldsymbol{x}_i)]}$$

$$=\frac{[a_1\boldsymbol{x}_1+\sum_{i=2}^{n}a_i\left(\frac{\lambda_i}{\lambda_1}\right)^k\boldsymbol{x}_i]}{\max[a_1\boldsymbol{x}_1+\sum_{i=2}^{n}a_i\left(\frac{\lambda_i}{\lambda_1}\right)^k\boldsymbol{x}_i]}\to\frac{\boldsymbol{x}_1}{\max(\boldsymbol{x}_1)},(k\to\infty)$$

这说明规范化向量序列收敛到主特征值对应的特征向量.

同理，可得到

$$v_k = \frac{\lambda_1^k[a_1 x_1 + \sum_{i=2}^{n} a_i (\frac{\lambda_i}{\lambda_1})^k x_i]}{\max[\lambda_1^{k-1} a_1 x_1 + \sum_{i=2}^{n} a_i (\frac{\lambda_i}{\lambda_1})^{k-1} x_i]}$$

$$\max(v_k) = \frac{\lambda_1 \max[a_1 x_1 + \sum_{i=2}^{n} a_i (\frac{\lambda_i}{\lambda_1})^k x_i]}{\max[a_1 x_1 + \sum_{i=2}^{n} a_i (\frac{\lambda_i}{\lambda_1})^{k-1} x_i]} \to \lambda_1, k \to \infty$$

收敛速度由比值 $r=\lambda_2/\lambda_1$ 确定. 总结上述讨论，有

定理 8.2 设 $A \in \mathbf{R}^{n\times n}$ 有 n 个线性无关的特征向量，主特征值 λ_1 满足

$$|\lambda_1| > |\lambda_2| \geqslant |\lambda_3| \geqslant \cdots \geqslant |\lambda_n|$$

则对任意非零初始向量 $v_0 = u_0 (a_1 \neq 0)$，按下述方法构造的向量序列 $\{u_k\}, \{v_k\}$：

$$\begin{cases} v_0 = u_0 \neq 0 \\ v_k = A u_{k-1} \\ u_k = \dfrac{v_k}{\max(v_k)} \end{cases}, k=1, 2, \cdots \tag{8.9}$$

有 $\lim\limits_{k\to\infty} u_k = \dfrac{x_1}{\max(x_1)}$，$\lim\limits_{k\to\infty} \max(v_k) = \lambda_1$.

【例 8-1】 求矩阵 A 的按模最大的特征值

$$A = \begin{pmatrix} \frac{1}{4} & \frac{1}{5} \\ \frac{1}{5} & \frac{1}{6} \end{pmatrix}$$

解 取 $v^{(0)} = (1, 0)^T$，计算 $v^{(k)} = A v^{(k-1)}$，计算结果如表 8.1 所示.

表 8.1 乘幂法计算结果表

k	$v_1^{(k)}$	$v_2^{(k)}$	$v_1^{(k)}/v_1^{(k-1)}$	$v_2^{(k)}/v_2^{(k-1)}$
0	1	0		
1	0.25	0.2		
2	0.10250	0.083333	0.41	0.41665
3	0.42292	0.034389	0.41260	0.41267
4	0.17451	0.014190	0.41263	0.41263

可取 $\lambda \approx 0.41263, x \approx (0.017451, 0.014190)^T$

【例 8-2】 用规范化乘幂法求解【例 8-1】，仍取 $u^{(0)} = v^{(0)} = (1, 0)^T$，计算结果如表 8.2 所示.

表 8.2 规范化乘幂法计算结果表

k	0	1	2	3	4
μ_k		0.25	0.41	0.412602	0.412627
$u_1^{(k)}$	1	1	1	1	1
$u_2^{(k)}$	0	0.8	0.813008	0.813136	0.813138

可取 $\lambda \approx 0.412627, x \approx (1, 0.813138)^{\mathrm{T}}$.

8.2.2 反幂法

反幂法用来计算矩阵按模最小的特征值及其特征向量，及计算对应于一个给定近似特征值的特征向量. 设 $\boldsymbol{A} \in \mathbf{R}^{n\times n}$ 为非奇异矩阵，$\boldsymbol{A}$ 的特征值次序记为

$$|\lambda_1| \geqslant |\lambda_2| \geqslant \cdots \geqslant |\lambda_n| > 0$$

相应的特征向量为 $\boldsymbol{x}_1$，$\boldsymbol{x}_2$，…，$\boldsymbol{x}_n$，则 $\boldsymbol{A}^{-1}$ 的特征值为 $\left|\frac{1}{\lambda_n}\right| \geqslant \left|\frac{1}{\lambda_{n-1}}\right| \geqslant \cdots \geqslant \left|\frac{1}{\lambda_1}\right|$，对应的特征向量为 $\boldsymbol{x}_n$，$\boldsymbol{x}_{n-1}$，…，$\boldsymbol{x}_1$，λ_n 的问题就是计算 $\boldsymbol{A}^{-1}$ 的按模最大的特征值问题. 对于 $\boldsymbol{A}^{-1}$ 应用幂法迭代(称为反幂法)，可求得矩阵 $\boldsymbol{A}^{-1}$ 的主特征值 $\frac{1}{\lambda_n}$. 从而求得 $\boldsymbol{A}$ 的按模最小的特征值 λ_n.

反幂法迭代公式如下：

任取初始向量 $\boldsymbol{v}_0 = \boldsymbol{u}_0 \neq \boldsymbol{0}$，构造向量序列

$$\begin{cases} \boldsymbol{v}_k = \boldsymbol{A}^{-1}\boldsymbol{u}_{k-1} \\ \boldsymbol{u}_k = \dfrac{\boldsymbol{v}_k}{\max(\boldsymbol{v}_k)} \end{cases}, k = 1, 2, \cdots \tag{8.10}$$

迭代向量 $\boldsymbol{v}_k$ 可以通过解方程组 $\boldsymbol{A}\boldsymbol{v}_k = \boldsymbol{u}_{k-1}$ 求得.

定理 8.3 设 $\boldsymbol{A}$ 有 n 个线性代数的特征向量，$\boldsymbol{A}$ 为非奇异矩阵且特征值满足

$$|\lambda_1| \geqslant |\lambda_2| \geqslant |\lambda_3| \geqslant \cdots \geqslant |\lambda_{n-1}| \geqslant |\lambda_n| \geqslant 0$$

则对任何初始非零向量 $\boldsymbol{u}_0 = \boldsymbol{v}_0 (a_n \neq 0)$.由反幂法构造的向量序列 $\{\boldsymbol{v}_k\}$，$\{\boldsymbol{u}_k\}$.

(1) $\lim\limits_{k\to\infty} \boldsymbol{u}_k = \dfrac{\boldsymbol{x}_k}{\max(\boldsymbol{x}_k)}$；

(2) $\lim\limits_{k\to\infty} \max(\boldsymbol{v}_k) = \dfrac{1}{\lambda_n}$ 收敛速度的比值为 $\left|\dfrac{\lambda_n}{\lambda_{n-1}}\right|$.

规范反幂法迭代公式可写为

$$\begin{cases} \boldsymbol{u}_k = \dfrac{\boldsymbol{v}_k}{\max(\boldsymbol{v}_k)}, k = 1, 2, \cdots \\ \boldsymbol{A}\boldsymbol{v}_{k+1} = \boldsymbol{u}_k \end{cases} \tag{8.11}$$

§ 8.3　雅可比方法

雅可比方法用于求解实对称矩阵的全部特征值和对应的特征向量. 其数学原理如下：

(1) n 阶实对称矩阵的特征值全为实数，其对应的特征向量线性无关且两两正交.

(2) 相似矩阵具有相同的特征值.

(3) 若 n 阶实矩阵 $\boldsymbol{A}$ 是对称的，则存在正交矩阵 $\boldsymbol{Q}$，使得 $\boldsymbol{Q}^{\mathrm{T}}\boldsymbol{A}\boldsymbol{Q}=\boldsymbol{D}$，其中 $\boldsymbol{D}$ 是一个对角矩阵，它的对角元素 λ_1，λ_2，…，λ_n 就是 $\boldsymbol{A}$ 的特征值，$\boldsymbol{Q}$ 的第 i 列向量就是 λ_i 对应的特征向量.

雅可比方法就是基于上述原理，用一系列正交变换对角化 $\boldsymbol{A}$，即逐步消去 $\boldsymbol{A}$ 的非对角元，从而得到 $\boldsymbol{A}$ 的全部特征值.

8.3.1　实对称矩阵的旋转正交相似变换

这里首先介绍一种正交变换，它是雅可比方法的基本工具.

定义 8.1　设 $1\leqslant i<j\leqslant n$，则称矩阵

$$\boldsymbol{R}_{ij}=\begin{pmatrix}1 & & & & & & \\ & \ddots & & & & & \\ & & \cos\varphi & \cdots & \sin\varphi & & \\ & & \vdots & 1 \quad \ddots \quad 1 & \vdots & & \\ & & -\sin\varphi & \cdots & \cos\varphi & & \\ & & & & & \ddots & \\ & & & & & & 1\end{pmatrix}\begin{matrix} \\ \\ i\ \text{行} \\ \\ j\ \text{行} \\ \\ \\ \end{matrix} \tag{8.12}$$

$$\qquad\qquad i\ \text{列} \qquad\qquad j\ \text{列}$$

为 (i, j) 平面的**旋转矩阵或** Givens **变换矩阵**.

显然，$\boldsymbol{R}=\boldsymbol{R}_{ij}$ 为正交矩阵，即 $\boldsymbol{R}^{\mathrm{T}}\boldsymbol{R}=\boldsymbol{I}$ 对于向量 $\boldsymbol{x}\in\mathbf{R}^n$，由线性变换 $\boldsymbol{y}=\boldsymbol{R}\boldsymbol{x}$ 得到的 $\boldsymbol{y}$ 的分量为

$$\begin{cases}y_i=x_i\cos\varphi+x_j\sin\varphi\\ y_j=-x_i\sin\varphi+x_j\cos\varphi\\ y_k=x_k,\ k\neq i,\ j\end{cases}$$

即用 $\boldsymbol{R}_{ij}$ 对向量 $\boldsymbol{x}$ 作用，只改变其第 i，j 两个分量.

由矩阵 $\boldsymbol{R}=\boldsymbol{R}_{ij}$ 确定的正交变换 $\boldsymbol{y}=\boldsymbol{R}\boldsymbol{x}$ 称为平面旋转变换或 Givens 变换.根据式(8.12) 容易验证，矩阵 $\boldsymbol{R}_{ij}$ 具有下列基本性质：

定理 8.4 设 $\boldsymbol{x}\in\mathbf{R}^n$ 的第 j 个分量 $x_j\neq 0$，$1\leqslant i<j\leqslant n$.若令

$$c=\cos\varphi=\frac{x_i}{\sqrt{x_i^2+y_j^2}},\ s=\sin\varphi=\frac{x_j}{\sqrt{x_i^2+x_j^2}} \tag{8.13}$$

则 $\boldsymbol{y}=\boldsymbol{R}_{ij}\boldsymbol{x}$ 的分量为

$$\begin{cases}y_i=\sqrt{x_i^2+x_j^2},\ y_j=0\\ y_k=x_k,\ k\neq i,\ j\end{cases} \tag{8.14}$$

上述定理表明，可以用 Givens 变换将向量的某个分量变为零元素.

【例 8-3】 设 $x=(-2,4,-1,3)^{\mathrm{T}}$，构造 Givens 变换 $\boldsymbol{R}_{24}$ 使得 $\boldsymbol{y}=\boldsymbol{R}_{24}\boldsymbol{x}$ 的分量 $y_4=0$.

解 这里的 $i=2$, $j=4$. 按式 (8.12) 有

$$c=\cos\varphi=\frac{4}{\sqrt{4^2+3^2}}=\frac{4}{5},\ s=\sin\varphi=\frac{3}{\sqrt{4^2+3^2}}=\frac{3}{5}$$

由式(8.11)，得

$$\boldsymbol{R}_{24}=\begin{pmatrix}1 & & & \\ & \frac{4}{5} & & \frac{3}{5}\\ & & 1 & \\ & -\frac{3}{5} & & \frac{4}{5}\end{pmatrix}$$

由于 $y_2=\sqrt{4^2+3^2}=5$，故由式(8.13) 得，$\boldsymbol{y}=\boldsymbol{R}_{24}\boldsymbol{x}=(-2,\ 5,\ -1,\ 0)^{\mathrm{T}}$.

下面讨论 Givens 变换对实对称矩阵的作用，用旋转矩阵 $\boldsymbol{R}_{ij}$ 对实对称矩阵 $\boldsymbol{A}=(a_{ij})_{n\times n}$ 作正交相似变换，所得矩阵记为 $\boldsymbol{A}_1$，即 $\boldsymbol{A}_1=\boldsymbol{R}_{ij}\boldsymbol{A}\boldsymbol{R}_{ij}^{\mathrm{T}}=(a_{ij}^{(1)})$，显然

$$\boldsymbol{A}_1^{\mathrm{T}}=(\boldsymbol{R}_{ij}\boldsymbol{A}\boldsymbol{R}_{ij}^{\mathrm{T}})^{\mathrm{T}}=\boldsymbol{R}_{ij}\boldsymbol{A}\boldsymbol{R}_{ij}^{\mathrm{T}}=\boldsymbol{A}_1$$

即 $\boldsymbol{A}_1$ 仍为实对称矩阵，直接计算，得

$$\begin{aligned}
&a_{ii}^{(1)}=a_{ii}\cos^2\varphi+a_{jj}\sin^2\varphi+2a_{ij}\cos\varphi\sin\varphi\\
&a_{jj}^{(1)}=a_{ii}\sin^2\varphi+a_{jj}\cos^2\varphi-2a_{ij}\cos\varphi\sin\varphi\\
&a_{il}^{(1)}=a_{li}^{(1)}=a_{il}\cos\varphi+a_{jl}\sin\varphi,\ l\neq i,\ j\\
&a_{jl}^{(1)}=a_{lj}^{(1)}=-a_{il}\sin\varphi+a_{jl}\cos\varphi,\ l\neq i,\ j\\
&a_{lm}^{(1)}=a_{ml}^{(1)}=a_{ml},\ m,\ l\neq i,\ j\\
&a_{ij}^{(1)}=a_{ji}^{(1)}=a_{ij}(\cos^2\varphi-\sin^2\varphi)-(a_{ii}-a_{jj})\cos\varphi\sin\varphi
\end{aligned} \tag{8.15}$$

不难看出，$\boldsymbol{A}$ 经过 $\boldsymbol{R}_{ij}$ 的正交相似变换后，$\boldsymbol{A}_1$ 的元素和 $\boldsymbol{A}$ 的元素相比，只有第 i 行 和第 j 行，第 i 列元素发生了变化，而其他元素和 $\boldsymbol{A}$ 是相同的.

由式(8.15) 的最后一个等式可知，若 $a_{ij}\neq 0$，则可适当选取 φ 的值，使得 $a_{ij}^{(1)}=a_{ji}^{(1)}=0$. 事实上，令

$$a_{ij}(\cos^2\varphi-\sin^2\varphi)-(a_{ii}-a_{jj})\cos\varphi\sin\varphi=0 \tag{8.16}$$

解得 $\cot 2\varphi = \dfrac{a_{ii} - a_{jj}}{2a_{ij}} = \dfrac{1-\tan^2\varphi}{2\tan\varphi}$，$-\dfrac{\pi}{4} < \varphi \leqslant \dfrac{\pi}{4}$.

在雅可比方法中，总是按上式选取 φ，在实际计算时，为避免使用三角函数，可令 $t=\tan\varphi$，$c=\cos\varphi$，$s=\sin\varphi$，$d=\dfrac{a_{ii}-a_{jj}}{2a_{ij}}$，由式(8.15) 得

$$t^2 + 2\mathrm{d}t - 1 = 0 \tag{8.17}$$

式 (8.17) 有两个根，取其最小者为 t，即

$$t = \begin{cases} -d + \sqrt{d^2+1},\ d > 0 \\ -1,\ d = 0 \\ -d - \sqrt{d^2+1},\ d < 0 \end{cases} \tag{8.18}$$

若记 $c = \cos\varphi = \dfrac{1}{\sqrt{1+t^2}}$，$s = \sin\varphi = \dfrac{t}{\sqrt{1+t^2}}$.

这时，式(8.15) 可写为

$$\begin{aligned}
&a_{ii}^{(1)} = a_{ii}c^2 + a_{jj}s^2 + 2csa_{ij} \\
&a_{jj}^{(1)} = a_{ii}s^2 + a_{jj}c^2 - 2csa_{ij} \\
&a_{il}^{(1)} = a_{li}^{(1)} = ca_{il} + sa_{jl},\ l \neq i,\ j \\
&a_{jl}^{(1)} = a_{lj}^{(1)} = -sa_{il} + ca_{jl},\ l \neq i,\ j \\
&a_{lm}^{(1)} = a_{ml}^{(1)} = a_{ml},\ m,\ l \neq i,\ j \\
&a_{ij}^{(1)} = a_{ji}^{(1)} = 0
\end{aligned}$$

利用等式 $a_{ij}(c^2 - s^2) - (a_{ii} - a_{jj})cs = 0$，不难验证

$$[a_{ii}^{(1)}]^2 + [a_{jj}^{(1)}]^2 = a_{ii}^2 + a_{jj}^2 + 2a_{ij}^2$$

8.3.2 雅可比方法及其收敛性

选择 $\boldsymbol{A}_0 = \boldsymbol{A}$ 中一对非零的非对角元素 a_{ij}，a_{ji}，使用平面旋转矩阵 $\boldsymbol{R}_{ij}$，作正交相似变换得 $\boldsymbol{A}_1$，可使 $\boldsymbol{A}_1$ 的这对非对角元素 $a_{ij}^{(1)} = a_{ji}^{(1)} = 0$；再选择 $\boldsymbol{A}_1$ 中一对非零的非对角运算作上述选择正交相似变换得 $\boldsymbol{A}_2$，可使 $\boldsymbol{A}_2$ 的这对非对角元素为零. 如此不断地旋转正交相似变换，可产生一个矩阵序列 $\boldsymbol{A} = \boldsymbol{A}_0$，$\boldsymbol{A}_1$，…，$\boldsymbol{A}_k$，…，虽然 $\boldsymbol{A}$ 至多只有 $n(n-1)/2$.对非零非对角元素，但不能期望通过 $n(n-1)/2$ 次旋转正交相似变换使其对角化，因为每次旋转变换虽然能使一对待定的非对角元素化为零，但这次变换可能将前面已经化为零了的一非对角元素变成非零.

但是，在雅可比方法中的每一步，如果由 $\boldsymbol{A}_{k-1}$ 变成 $\boldsymbol{A}_k$，取其绝对值最大的一对非零非对角元素，即取

$$\left| a_{i_k j_k}^{(k-1)} \right| = \max_{\substack{1 \leqslant i,\ j \leqslant n \\ i \neq j}} \left| a_{ij}^{(k-1)} \right|$$

作旋转相似变换，这时记旋转矩阵 $\boldsymbol{R}_{ij} = \boldsymbol{R}_{i_k j_k}$.后面将证明，这样产生的检测序列 $\boldsymbol{A}_0$，$\boldsymbol{A}_1$，…，

$\boldsymbol{A}_k$，… 趋向于对角矩阵，即雅可比方法是收敛的.

在实际运算中，可预先取一个小的控制量 $\varepsilon > 0$，若成立

$$|a_{ij}^{(k)}| < \varepsilon, \ i, j = 1, 2, \cdots, n, \ i \neq j$$

则可视 $\boldsymbol{A}_k$ 为对角矩阵，从而结束计算，$\boldsymbol{A}_k$ 的对角元素可视为 $\boldsymbol{A}$ 的特征值.

雅可比方法也可以求 $\boldsymbol{A}$ 的所有特征向量，事实上，由

$$\begin{aligned}\boldsymbol{A}_k &= \boldsymbol{R}_k\boldsymbol{A}_{k-1}\boldsymbol{R}_k^{\mathrm{T}} = \boldsymbol{R}_k\boldsymbol{R}_{k-1}\boldsymbol{A}_{k-2}\boldsymbol{R}_{k-1}^{\mathrm{T}}\boldsymbol{R}_k^{\mathrm{T}} \\ &= \boldsymbol{R}_k\boldsymbol{R}_{k-1}\cdots\boldsymbol{R}_1\boldsymbol{A}\boldsymbol{R}_1^{\mathrm{T}}\cdots\boldsymbol{R}_{k-1}^{\mathrm{T}}\boldsymbol{R}_k^{\mathrm{T}}\end{aligned}$$

若记 $\boldsymbol{Q}_k = \boldsymbol{R}_1^{\mathrm{T}}\cdots\boldsymbol{R}_{k-1}^{\mathrm{T}}\boldsymbol{R}_k^{\mathrm{T}}$，则

$$\boldsymbol{A}_k = \boldsymbol{Q}_k^{\mathrm{T}}\boldsymbol{A}\boldsymbol{Q}_k. \tag{8.19}$$

这里 $\boldsymbol{Q}_k$. 为正交矩阵，若 $\boldsymbol{A}_k$ 可视为对角矩阵，其对角元即为 $\boldsymbol{A}$ 的特征值，其第 i 个对角元 $a_{ii}^{(k)}$ 对应的特征向量就是 $\boldsymbol{Q}_k$ 第 i 列元素构成的向量 $\boldsymbol{Q}_k$ 的计算可与 $\boldsymbol{A}$ 的旋转相似变换同步进行，若令 $\boldsymbol{Q}_0 = \boldsymbol{I}$，则

$$\boldsymbol{Q}_k = \boldsymbol{Q}_{k-1}\boldsymbol{R}_k^{\mathrm{T}} \tag{8.20}$$

若 $\boldsymbol{R}_k = \boldsymbol{R}_{ij}$，得 $\boldsymbol{Q}_k$ 计算公式如下

$$\begin{cases} q_{li}^{(k)} = q_{li}^{(k-1)}c + q_{lj}^{(k-1)}s, \ l = 1, 2, \cdots, n \\ q_{lj}^{(k)} = -q_{li}^{(k-1)}s + q_{lj}^{(k-1)}c, \ l = 1, 2, \cdots, n \\ q_{km}^{(k)} = q_{km}^{(k)}, \ k, m \neq i, j \end{cases} \tag{8.21}$$

也就是说，除了第 i，j 列元素发生变化外，其他元素不变. 若不需要计算特征向量，则可省略此步.

根据以上讨论，可得雅可比方法的计算步骤如下：

(1) 输入矩阵 $\boldsymbol{A}$，$\boldsymbol{Q} = \boldsymbol{I}$，初始向量 $\boldsymbol{x}$，误差限，最大迭代次数 N，置 $k := 1$.

(2) 在矩阵中找绝对值最大的非对角元

$$\mu = |a_{i_r j_r}| = \max_{\substack{1 \leqslant i, j \leqslant n \\ i \neq j}} |a_{ij}|$$

置 $i := i_r$，$j := j_r$

(3) 按式(8.18) ~ 式(8.21) 计算 d，t，c，s 的值和矩阵 $\boldsymbol{A}_1$ 的元素 $a_{lm}^{(1)}$，$l, m = 1, 2, \cdots, n$.

(4) 更新 $\boldsymbol{Q}$ 的元素：$\begin{cases} q_{li} := q_{lj}c + q_{lj}s \\ q_{lj} := -q_{li}s + q_{lj}c \end{cases}$，$l = 1, 2, \cdots, n$.

(5) 若 $\mu < \varepsilon$，输出 $\boldsymbol{A}_1$ 的对角元和 $\boldsymbol{Q}$ 的列向量，停算；否则，转步骤(6).

(6) 若 $k < N$，置 $k := k + 1$，转步骤(2)；否则输出计算失败信息，停算.

【例 8-4】 用雅可比方法计算对称矩阵

$$\boldsymbol{A} = \begin{bmatrix} 4 & 2 & 2 \\ 2 & 5 & 1 \\ 2 & 1 & 6 \end{bmatrix}$$

的全部特征值.

解 记 $\boldsymbol{A}_0=\boldsymbol{A}$，取 $i=1$，$j=2$. $a_{ij}^{(0)}=a_{12}^{(0)}=2$，于是有

$$d=\frac{a_{11}^{(0)}-a_{22}^{(0)}}{2a_{12}^{(0)}}=-0.25,t=-d-\sqrt{d^2+1}=0.780776,\cos\varphi=(1+t^2)^{-\frac{1}{2}}=0.788206,$$

$\sin\varphi=t\cdot\cos\varphi=-0.615412$，

$$\boldsymbol{R}_1=\boldsymbol{R}_{12}=\begin{bmatrix}\cos\varphi & \sin\varphi & 0\\ -\sin\varphi & \cos\varphi & 0\\ 0 & 0 & 1\end{bmatrix}=\begin{bmatrix}0.788206 & -0.615412 & 0\\ 0.615412 & 0.788206 & 0\\ 0 & 0 & 1\end{bmatrix}$$

所以 $\boldsymbol{A}_1=\boldsymbol{R}_1^{\mathrm{T}}\boldsymbol{A}_0\boldsymbol{R}_1=\begin{bmatrix}2.438448 & 0 & 0.961\\ 0 & 0.6561552 & 2.02019\\ 0.961 & 2.020190 & 6\end{bmatrix}$

取 $i=2$，$j=3$. $a_{ij}^{(0)}=a_{23}^{(0)}=2.020190$，于是有

$$\boldsymbol{A}_2=\begin{bmatrix}2.438448 & 0.631026 & 0.724794\\ 0.631026 & 8.320386 & 0\\ 0.724794 & 0 & 4.241166\end{bmatrix}$$

以下依次有

$$\boldsymbol{A}_3=\begin{bmatrix}2.183185 & 0.595192 & 0\\ 0.631026 & 8.320386 & 0.209614\\ 0 & 0.209614 & 4.496424\end{bmatrix}$$

$$\boldsymbol{A}_4=\begin{bmatrix}2.125995 & 0 & -0.020048\\ 0 & 8.320386 & 0.208653\\ -0.020048 & 0.208653 & 4.496424\end{bmatrix}$$

$$\boldsymbol{A}_5=\begin{bmatrix}2.125995 & -0.001073 & -0.020019\\ -0.001073 & 8.388761 & 0\\ -0.020019 & 0 & 4.485239\end{bmatrix}$$

$$\boldsymbol{A}_6=\begin{bmatrix}2.125825 & -0.001072 & 0\\ 0 & 8.388761 & 0.00009\\ -0.001072 & 0.000009 & 4.485401\end{bmatrix}$$

$$\boldsymbol{A}_7=\begin{bmatrix}2.125825 & 0 & 0\\ 0 & 8.388761 & 0.00009\\ 0 & 0.000009 & 4.485401\end{bmatrix}$$

从而 $\boldsymbol{A}$ 的特征值可取为

$$\lambda_1\approx 2.125825,\lambda_2\approx 8.388761,\lambda_3\approx 4.485401.$$

本节介绍的雅克比方法具有方法简单紧凑，精度高，收敛快等优点，是计算对称矩阵全部特征值和相应特征向量的有效方法，但计算量较大，一般适用于阶数不高的矩阵.

习　题

1. 取初始向量 $\boldsymbol{x}^{(0)}=(1, 0.95)^{\mathrm{T}}$，用乘幂法迭代三次求矩阵 $\boldsymbol{A}=\begin{pmatrix}2 & 1\\1 & 2\end{pmatrix}$ 最大的特征值，并计算这三次迭代的瑞利商.

2. 取初始向量 $\boldsymbol{x}^{(0)}=(1, 0.95)^{\mathrm{T}}$，位移 $\alpha=1.2$，用原点位移加速乘幂法迭代三次求矩阵 $\boldsymbol{A}=\begin{pmatrix}2 & 1\\1 & 2\end{pmatrix}$ 最大的特征值和相应的特征向量.

3. 用反幂法求矩阵 $\boldsymbol{A}=\begin{pmatrix}2 & 1\\1 & 2\end{pmatrix}$ 最小的特征值和相应的特征向量.

4. 用雅可比方法求矩阵 $\boldsymbol{A}=\begin{pmatrix}1 & 2\\2 & 3\end{pmatrix}$ 的全部特征值与特征向量.

5. 用雅可比方法求矩阵 $\boldsymbol{A}=\begin{pmatrix}2 & -1 & 0\\-1 & 3 & -1\\0 & -1 & 5\end{pmatrix}$ 的全部特征值与特征向量.

参考文献

[1] [美] 戈卢布,范洛恩. 矩阵计算[M]. 北京:人民邮电出版社,2011.

[2] 李庆扬,王能超,易大义. 数值分析[M]. 北京:高等教育出版社,2011.

[3] 关治,陆金甫. 数值分析基础[M]. 北京:高等教育出版社,1998.

[4] 白峰杉. 数值计算引论[M]. 北京:高等教育出版社,2004.

[5] 王能超. 计算方法简明教程[M]. 北京:高等教育出版社,2004.

[6] 李庆扬. 科学计算方法基础[M]. 北京:清华大学出版社,2006.

[7] 张韵华,奚梅成,陈效群. 数值计算方法与算法[M]. 3 版. 北京:科学出版社,2016.

[8] 马昌凤. 现代数值分析[M]. 北京:国防工业出版社,2013.

[9] 李庆扬,莫孜中,祁力群. 非线性方程组的数值解法[M]. 北京:科学出版社,1987.

[10] 李庆扬,关治,白峰杉. 数值计算原理[M]. 北京:清华大学出版社,2000.

[11] 冯康,等. 数值计算方法[M]. 北京:国际工业出版社,1978.

[12] 李岳生,齐东旭. 样条函数方法[M]. 北京:科学出版社,1979.

[13] 徐利治,王仁宏,周蕴时. 函数逼近的理论与方法[M]. 上海:上海科学技术出版社,1983.

[14] 马昌凤,林伟川. 现代数值计算方法[M]. 北京:科学出版社,2008.

[15] 胡晓冬,董辰辉. MATLAB 从入门到精通[M] . 2 版. 北京:人民邮电出版社, 2018.

[16] 汪晓银,邹庭荣,周保平. 数学软件与数学实验[M]. 北京:科学出版社,2014.

[17] 王兵团,张作泉,赵平福 . 数值分析简明教程[M]. 北京:北京交通大学出版社,2012.

[18] 张平文,李铁军. 数值分析[M]. 北京:北京大学出版社,2007.

[19] Mathews J H, Fink K D. Numerical Methods Using MATLAB (Third Edition) [M]. Beijing: Publishing House of Electronics Industry, 2002.

[20] Leader J J. Numerical Analysis and Scientific Computation [M]. 北京:清华大学出版社,2008.